▮ 여행

재기발랄 일본 안내서
푸른 눈의 오타쿠, 일본을 그리다
애비 덴슨 글 그림 · 장정인 옮김

코믹콘 룰루상 수상자 애비 덴슨의 일본 대탐험. 우리가 지금까지 알지 못했던, 서양인의 시각으로 만나는 일본. 애비와 매트, 키티와 함께 만화와 행운의 고양이, 라멘의 나라로 독특한 여행을 떠나보자!

맛있는 베트남
생생한 베트남 길거리 음식 문화 탐험기
그레이엄 홀리데이 지음 · 이화란 옮김

베트남 길거리 음식의 대가 그레이엄 홀리데이가 우리를 덜덜거리는 작은 오토바이에 태우고 골목골목을 달리며 다채롭고 향긋한 식도락 여행으로 인도해줄 것이다. 세계적인 셰프 안소니 브르댕의 찬사를 받은 베트남 길거리 음식 총집편!

50년간의 세계일주
이 세상 모든 나라를 여행하다
앨버트 포델 지음 · 이유경 옮김

25세 때까지 한 번도 해외로 나가본 적이 없는 청년. 그는 '나라'로서 존재하는 전세계를 여행하겠다는 계획을 세운다. 그야 말로 '진짜' 세계일주다.
지구상 모든 국가를 여행한 좌충우돌 돌진형 (이제는) 노인의 파란만장 여행기

악당은 아니지만 지구정복
350만원 들고 떠난 141일간의 고군분투 여행기
안시내 지음

스물두 살, 인생의 가장 아름다운 시기에 세상을 돌아보겠다는 계획을 세웠다. 은행에서, 카페에서, 그리고 주말엔 베이비 시터까지… 치열하게 노력했다. 영화처럼, 갑자기 악화된 집안 사정, 돈을 보태고 나니 남은 돈은 350만원뿐. 그래도 기죽지 않는다! 작은 발로 뚜벅뚜벅 세계를 향해 나아간다.

▮ 건강 · 취미 · 실용

빅데이터 베이스볼
머니볼을 넘어선 머니볼
트래비스 소칙 지음 · 이창섭 옮김

강정호를 스타우트한 팀 피츠버그 파이어리츠! 20년간 승률이 5할도 안 되던 팀이 빅데이터 분석법을 받아들인 후에 전체 메이저리그 승률 2위 팀이 되었다. 야구에서 빅데이터는 어떤 마술을 부리는가?

P53, 암의 비밀을 풀어낸 유전자
암과의 전쟁에서 드디어 승기를 잡다
수 암스트롱 지음 · 조미라 옮김

수십 년의 연구 끝에 드디어 실마리가 되는 유전자 p53을 찾아냈다. p53은 이상 증식하는 세포(암)를 자살하도록 유도한다. 이 유전자가 돌연변이를 일으키거나 제대로 기능하지 못할 때 암이 발생한다. 이제 책에서 p53의 모든 것을 살펴보며, 암과의 전쟁에서 어떻게 승리할 수 있을지 알아본다.

위(oui) 셰프
세상에서 가장 뜨거운 셰프의 24시간
마이클 기브니 지음 · 이화란 옮김

숙취 때문에 힘든 요리사 대신 생선 파트를 맡아 요리하고, 치우고, 주문서를 보고, 또 요리한다. 14시간을 일했는데 내일은 더 일찍 출근해야 한다. 직원들 급여도 계산해야 한다. 하지만 쉴 틈 없이 달려나가야 한다. 우리는, 수석 셰프니까.

인간은 왜 세균과 공존해야 하는가
마틴 블레이저 지음 · 서자영 옮김

어렸을 때, 단 한 번의 항생제 사용으로도 우리 몸의 미생물계는 크게 타격을 입는다. 사라진 미생물은 천식, 비만, 당뇨 등의 현대병이 늘어나는 중요 요인이라고 이 책은 주장한다. 항생제가 남용되고 있는 시점과 현대병이 늘어나고 있는 시점이 겹친다는 것은 과연 우연일까?

통증에 대한 거의 모든 것
음식, 운동, 습관, 약물, 치료로 통증 극복하기
해더 틱 지음 · 이현숙 옮김

인간을 이해하면 통증은 치료된다. 닥터 틱은 건강에 초점을 맞춘 새로운 통증 관리 방식을 제시한다. 이 책의 목적은 현실적이며 고무적인, 통증 없는 인생에 대한 처방이다.

이것이 진짜 메이저리그다
제이슨 켄달, 리 저지 지음 · 이창섭 옮김

하나의 투구는 결투가 되고, 한 번의 타격은 스토리가 된다.
투수가 언제 타자를 향해 공을 던지고, 타자는 왜 투수에게 달려드는가? 야구장 밖에서는 알 수 없는 메이저리그의 생생한 진짜 이야기.

두뇌혁명 30일
리차드 카모나 지음 · 이선경 옮김

미국 최고의 웰빙 리조트 '캐년 랜치'의 30일 뇌 개선 프로젝트.
인간은 두뇌가 모든 것이다. 날카로운 사고, 통찰, 지성. 두뇌의 건강이 나빠지면 더 이상 이런 것들을 기대할 수 없을 것이다. 우리가 반드시 알아야 할 두뇌 건강에 대해 알아보자.

강아지와 대화하기
애견 언어 교과서
미수의행동심리학회(ACVB) 지음 · 장정인 옮김

내가 키우는 개, 잘 알고 계신가?
최고의 전문가로부터 개의 일반적 행동에 대해, 그리고 바람직한 행동을 할 수 있게 하는 방법에 대해 배워보자.

당뇨에 대한 거의 모든 것
당뇨는 치료될 수 있다
게리 눌 지음 · 김재경 옮김

사람들은 몇 년 후에 걸릴 병을 상담하러 병원에 오지 않는다. 사람들이 병원에 찾아갈 때는 병에 걸려서 치료가 어려워지기 시작한 그 이후다. 이 책은 적어도 몇 년 후에 당뇨병 때문에 병원에 갈 일은 없게 해줄 것이다. 당뇨의 원인과 예방, 대증요법, 그리고 당뇨에 대해 궁금해했던 것을 이 한 권으로 해결할 수 있다.

▌청소년

소셜시대 십대는 소통한다

다나 보이드 지음 · 지하늘 옮김

네트워크화 된 세상에서 그들은 어떻게 소통하는가.
이해 못할 이들을 이해하게 해주는 힘이 이 책에는 있다.

십대의 두뇌는 희망이다
혼란을 넘어 창의로 가는 위대한 힘

대니얼 J. 시겔 M.D 지음 · 최욱림 옮김

십대는 단지 억누르고 스쳐 지나가는 시기가 아니다. 십대의 톡톡 튀는 성향은 인류가 가진 본능이며 이
본능 덕분에 우리는 발전할 수 있었다. 이런 십대의 힘을 성인까지 유지할 수 있다면 우리는 또 다른 도
약을 할 것이다. 아마존, 뉴욕타임즈 베스트셀러.

▌가정과 생활

부모를 위한 아티스트 웨이
예술적 감성을 가진 아이 키우기

줄리아 카메론 지음 · 이선경 옮김

『아티스트 웨이』로 수많은 독자의 가슴에 예술적 감성을 키워주었던 줄리아 카메론이, 이제 아이의 예술적
감성을 키워주는 진솔한 조언을 해준다.

우리 아기가 궁금해요
아기와 함께하는 재미있는 육아 실험 50가지

숀 갤러거 지음 · 장정인 옮김

아기의 발달 과정을 부모가 직접 파악할 수 있는 방법을 알려준다. 이 책에 실린 실험들은 쉽고 흥미
로우며, 과학적 내용을 바탕으로 한다. 부모가 갓 태어난 아기를 이해하기에 더없이 훌륭한 수단이
아닐까 싶다

서른,
우리 술로 꽃피우다

「이 도서의 국립중앙도서관 출판예정도서목록(CIP)은 서지정보유통지원시스템 홈페이지(http://seoji.
nl.go.kr)와 국가자료공동목록시스템(http://www.nl.go.kr/kolisnet)에서 이용하실 수 있습니다.(CIP
제어번호: CIP2015034169)」

서른, 우리 술로 꽃피우다

초판 1쇄 발행 2016년 1월 18일

지은이	김 별
그린이	이경진
발행인	안유석
편집장	이상모
편 집	전유진
표지디자인	박무선
펴낸곳	처음북스, 처음북스는 (주)처음네트웍스의 임프린트입니다.

출판등록 2011년 1월 12일 제 2011-000009호
전화 070-7018-8812 팩스 02-6280-3032
이메일 cheombooks@cheom.net

홈페이지 cheombooks.net 페이스북 /cheombooks
ISBN 979-11-7022-022-0 03980

* 전통주 갤러리의 명욱 부관장님이 도와주셨습니다.
* 잘못된 서적은 교환해 드립니다.
* 가격은 표지에 있습니다.

서른에는 무엇이라도 되어 있을 줄 알았던 두 여인의 전통주 여행기

글 김별 그림 이경진

서른,
우리 술로 꽃피우다

처음북스

술 마시는 밤, 당신이 발효되는 시간

맑갛게 피어나는 투명한 향기

더 진하게, 더 깊게, 더 강렬하게!

서른의 체증 (滯症)

특별히 살 책도 없는데 서점에 갔다. 머리를 비운 채 산림욕을 하는 마음으로 타인의 생각이 빽빽하게 자리 잡은 숲을 산책하듯 천천히 걸었다. 사실 내게는 남 모를 취미 생활이자 스트레스 해소법이 하나 있다. 그건 바로 지금처럼 서점을 산책하면서 서가에 꽂혀 있는 책의 제목을 읽는 것이다. 생각이 많거나 가슴이 답답할 때, 명료한 문장으로 구성된 책 제목을 눈으로 훑으며 걷다 보면 기분이 조금씩 차분해지거나 고민하던 것의 실마리를 찾는다. 이 '제목 산책'의 백미는 제목과의 대화에 있다. 가끔은 사람이랑 이야기하는 것보다 이쪽이 더 나을 때가 있다.

『후회 없이 살고 있나요?』 그런 사람이 있나요? 그러는 그쪽은 그렇게 살고 있나요?『슬픔이 주는 기쁨』무슨 개똥 같은 소리를 하고 있는 거야. 슬픔이 어떻게 기쁨을 줘.『나만 위로할 것』그래 기분이 꿀꿀할 때는 일단 나부터 위로해야지. 그런데, 글쎄 그걸 어떻게 하냐고?『나를 어디에 두고 온 걸까』그러게…… 나, 지금 어디에 있지?『서울을 떠나는 사람들』아 진짜 답답한데 나도 어디로든 떠나버릴까?『한국이 싫어서』아주 그냥 이 나라 밖으로?『서른엔 뭐라도 되어 있을 줄 알았다』서른엔…… 뭐라도…… 이런 젠장! 나도 그럴 줄 알았어 아악! 서른인데 나는 뭣도 아니야! 어떻게 해!

서른엔 뭐라도 되어 있을 줄 알았다. 명치에 스트레이트 펀치가 꽂힌 것 같았다. 촌철살인. 제목의 갑작스러운 기습에 나는 옆에 있던 기둥을 붙잡고 꺼억 꺼억 거친 숨을 몰아 쉬었다. 스물아홉, 그 다사다난했던 아홉수를 무사히 겪어내고 고개를 드니 내 앞에는 무시무시한 서른이 기다리고 있었다.

"낄낄낄 끝난 줄 알았지? 여기 너를 위해 따끈한 서른을 준비했어. 서른이 뭐냐고? 모든 게 (또는 뭐라도) 되어 있어야만 할 것 같지만, 다들 그렇게 생각하고 기대하지만, 사실은 정작 무엇도 되어 있지 않은 나이란다! 지금의 너처럼! 그럼 꾸역꾸역 맛있게 드시길~"

아아, 나는 진정 내가 서른 살이 될 줄 몰랐다. 내가 서른 살이나 먹을 줄은 정말이지 몰랐다. 그냥 정신을 차리고 보니 서른을 기념해 회사에 사표를 투척하고 6개월째 방황하고 있는, 아무것도 아닌 내가 서 있을 뿐이었다. 마음이 복잡해졌다. 이럴 때는 친구와의 수다만이 살길이다. 나는 무참히 흔들리는 정신 줄을 가까스로 부여잡고, 그 길로

도망치듯 서점을 나와 진이를 만나러 갔다.

진이는 열일곱에 만나 지금까지 꾸준히 내 옆에 붙어 있어 주는 고마운 친구다. 다람쥐처럼 빠릿빠릿하고 또랑또랑한 그녀를 보며 나는 항상 '저 년은 뭐가 되도 될 년이다'라고 생각해 왔다. 그런데 그런 그녀가 대학을 졸업하고 2년이 지나도록 번번히 입사 시험에 낙방을 하고, 결국 취업을 포기한 채 서른을 맞이한 것이다. 기가 찰 노릇이었다. 취업에 실패하고 혼자서 돈을 벌어 보겠다고 고군분투하는 진이의 모습을 지켜보며 나는 덩달아 답답한 가슴을 몇 번이나 두드렸다. 소리 없는 북 / 답답하면 주먹으로 / 뚜다려 보오. // 그래 봐도 / 후우…… / 가아는 한숨만 못 하오. // 라고 노래하던 윤동주를 떠올리며 연신 한숨을 쉬었다.

카페에 들어서니 진이는 이미 내 몫의 커피까지 시켜놓고 나를 기다리고 있었다. 조금 전에 서점에서 있었던 일을 이야기하니, 그녀는 내 생각에 격하게 공감하면서 덩달아 울분을 토해냈다.

"나는 이제 내가 뭘 하고 싶은지도 모르겠어. 아니 왜 면접만 들어가면 나이 많다고 뭐라고 하냐고! 취업한다고 매달렸던 시간에 기술을 배우든가, 차라리 장사해서 돈이라도 벌었으면 더 좋았을까?"

"야, 근데 나 봐라. 나는 힘들게 취업을 했는데도 그게 끝이 아니잖아. '그녀는 마침내 취업을 했고, 오래오래 행복하게 살았습니다'가 아니더라고. 결국 더 행복하겠다고 이렇게 회사 밖으로 뛰쳐나왔지만 그렇다고 막 드라마틱한 반전이 있지도 않은 것 같고 말이야."

"1탄 깨면 2탄, 그 다음엔 3탄…… 인생이란 이 게임에 왕이 있을까? 아마 없을걸? 모든 인간을 이렇게 영원히 고통받는 거지! 하하하!"

"아오! 야, 그렇게 말하지 마 무서워어!"

그렇게 서른엔 뭐라도 될 줄 알았던 우리는 둘 다 뭣도 되지 못한 채, 평일 낮 동대문에 있는 한 카페에서 서로의 서른을 그저 멀뚱히 바라보며 답도 없는 이야기만 자꾸 늘어놓고 있었다. 여전히 아까 펀치를 맞은 명치에는 뭔가 얹힌 듯한 기분이 남아 있었다.

"아, 답답해. 꼭 체한 것 같아. 서른이라는 나이가 내 안에서 잘 소화되지 않아서 그런 거 같아."

"응응, 거기에 세상이 주는 눈치 밥까지 급히 먹다 보니 더 하지 뭐…… 갑갑해…….."

그래. 지금의 이 느낌은 마치 뭔가를 급하게, 심지어 눈치까지 보아가며 먹었을 때 체한 기분. 딱 그것이었다. 문득 언젠가 친한 동생이 해준 이야기가 생각났다.

'언니, 옛날에 우리 엄마는 내가 뭘 잘 못 먹어 체하면 막걸리를 한 잔 주셨어요. 그럼 체기가 가시고 가슴이 뻥 뚫리는 게 속이 다 시원했어요. 술이 약이었던 거죠. 왜 우리 술, 그러니까 전통주에는 약주라는 말도 있잖아요. 약으로 마시는 술.'

막걸리, 우리 술, 전통주, 약주…….

마시면 속이 시원, 가슴이 뻥…….

그래! 바로 그거야! 지금의 우리에게는 술이 필요하다!
다른 어떤 술도 아닌 우리 술이!'

나는 더 생각할 것도 없이 눈을 반짝이며 말했다.
"진아 우리 가자! 술 마시는 여행 가자! 그렇지! 가슴 답답할 때는
술만한 약이 없지! 우리 이 참에 술병 들고 팔도 한 바퀴 돌면서 우리
나라에 있는 술들을 오지게 한 번 마셔보자! 그러다 보면 체한 속도 뚫
리고 길도 보이지 않을까?
"오 좋다! 별아, 그래 가자! 술과 여행, 여행과 술이라니…… 마음을
달래는데 그보다 더 좋은 약은 없을 것 같다."

약이 되는 술, 우리의 술을 마시며 다니는 음주 여행은 이렇게 시작
되었다
서른을 안주 삼아 야무지게 씹어 넘기겠다는 다짐과 함께.

술 마시는 밤,

당신이 발효되는 시간

예술

만드는 술	동몽, 만강에 비친 달, 홍천강 탁주
지번 주소	강원도 홍천군 내촌면 물걸리 507
도로명 주소	강원도 홍천군 내촌면 동창복골길 259-9
전화 번호	033-435-1120 / 010-9104-1525
홈페이지	http://www.ye-sul.co.kr/

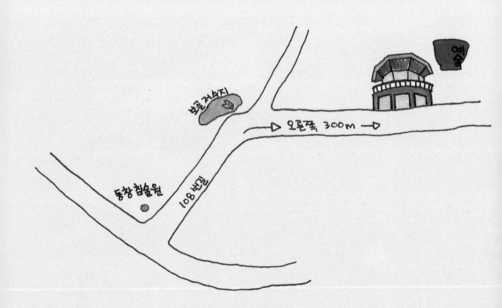

전통주조 〈예술〉에 있는 80여평 규모의 2층짜리 우리 술 문화 체험관에서 전통주 강의, 양온소(양조장) 견학, 전통주 빚기 등의 다양한 활동을 당일 또는 1박 2일 코스로 체험할 수 있다. 이곳의 강점은 최대여섯 명이 숙박할 수 있는 독채 게스트하우스를 이용할 수 있다는 점이다. 산 좋고 물 맑은 곳에 하루 머무르며 친구 또는 가족과 함께 다양한 체험도 하고, 맛있는 식사와 함께 향긋한 술 한 잔까지 하는 이색적인 여행을 즐길 수 있다.

이름도 몰라요
성도 몰라

난생처음으로 술을 빚는 일은 생각보다 고됐다. 한 병에 1,000원 정도면 사서 마실 수 있는 게 막걸리인데, 그걸 만드는 게 이토록 힘들다니! 막걸리의 재료가 되는 고두밥을 짓기 위해 이른 새벽 일어나 쌀을 씻고 또 씻고, 수백 번을 손이 빨갛게 굳을 때까지 찬물에 씻을 때부터 나는 생각했다.

'아아, 술은 사서 마시는 거구나.'

고두밥과 함께 막걸리를 만드는 데 필요한 핵심 재료인 누룩을 만드는 일도 보통 일은 아니었다. 누룩을 얻으려고 거칠게 빻아낸 밀과, 한 번 끓였다 식힌 물을 잘 섞은 뒤 네모난(혹은 동그란) 나무틀에 넣어 발로 한 시간 동안 꾹꾹 밟아 모양을 잡아야 한다. 이때 온 체중을 발뒤꿈치에 실어 정말 꾹!꾹! 밟아야 하기 때문에 계속하다 보면 나중에는 발목이 시큰거리고 다리가 후들거린다. 게다가 우리가 방문한 전통주조 〈예술〉의 대표님께서 '자 이제 씻은 쌀로 밥을 해야 합니다', '지금 술을 담을 항아리를 소독해야 해요' 하며 쉴 틈 없이 우리를 부르시는 '덕분'에 잠시도 마음 편히 엉덩이를 붙이고 앉아 있을 시간이 없었다. 나중에는 대표님께서 부르시면 "네~ 대

감마님~ 쉰네 지금 갑니다요~" 하면서 장난을 칠 정도의 고된 노동이었다. 쉼 없이 일을 하며 나는 또 다시 생각했다.

'이렇게 만든 막걸리는 한 병에 5만 원은 받아야지!'

그렇게 우리가 지금 여행을 온 것인지 산골에 있는 양조장에 일꾼으로 온 것인지 구분이 가지 않아 정신이 혼미해질 즈음이면 어김없이 대표님은 두 손 가득 술을 가져다주시며 말씀하신다. "이건 우유와 누룩으로 만들어 본 우유 술이에요", "복분자로 한 번 만들어 본 건데, 파는 건 아니고요. 한 번 마셔 봐요", "이게 떠먹는 술인데 정말 고급 술이거든요. 어때요?" 대표님이 권하는 대로 족족 바지런히 받아 마신 술들은 모두 태어나 처음 경험하는 맛이었다. 전통주라고는 대학 때 사발로 마시던 막걸리가 전부던 내게 〈예술〉에서 마신 이름 모를 술은 그야말로 신세계였다. "아이고 대감마님 뭔 술인지는 모르겠지만 아주 그냥 입에 착착 달라붙습니다요!" 절로 엄지 두 개가 머리 위로 척척 올라갔다.

전국 곳곳에서 만들어지는 전통주들을 즐겁게 맛보면서 여행을 하다 보면 서른이라서, 자의/타의적 백수라서 받은 갑갑증을 조금 풀 수 있지 않을까 싶어 시작한 여행이었다. 그런데 여행을 준비하며 여행지를 선택하고, 마셔볼 술들을 추리는 과정에서 나는 조금씩 전통주의 매력에 빠지고 있었던 것 같다. 우리나라에 양조장이 천 개에 육박하고, 그곳에서 만들어지는 술은 이천여 종이 훌쩍 넘는다는 사실을 전혀 모르고 용케 30년이나 산 것이 신기할 따름이었다.

그렇게 조금씩 움트던 전통주에 대한 관심이 첫 여행지인 이곳 홍천에서 직접 누룩을 빚고, 막걸리를 만들면서 활짝 피어났다. 술을 빚는 과정은 신비로웠고, 술을 빚는 사람들은 멋졌고, 무엇보다 술이 정말 정말이지 맛있었다! 이렇게 맛있는 걸 못 먹고 죽을 뻔 했다는 생각만 해도 아주 그냥 간담이 서늘해질 지경이다.

술 당기게 해준 서른에게 축배를!

처음 내가 우리 술 여행을 떠난다고 주변에 알렸을 때 많은 사람들이 내게 전통주를 좀 아는 것이 있느냐고 물었다. 아는 것? 없었다. 책을 쓴다고 했을 때는 책을 쓸 만큼의 전문적인 지식이 있느냐고도 물었다. 없었다. 전문지식 같은 거 있을 리가 없었다. 그런데도 나는 그냥 일단 몸부터 던졌다. 여행을 떠났고, 글을 썼다. 그러면서 생각했다.

'아니 무슨 서울대 전통주학과(당연히 이런 학과는 없다) 라도 졸업해야 우리 술 여행을 하고, 글을 쓸 수 있는 건가? 마시면서 차차 알아가면 되는 거지! 전문가가 아닌 사람의 입장에서 글을 쓰면 되는 거지!'

지금의 내게 우리 술은 얼굴이랑 이름만 아는 매력적인 남자와 같다. 어디 사는지, 부모님은 뭐 하시는지, 어린 시절엔 어땠는지 아직 잘 모르지만 어쩌면 그래서 더 신비롭고 자꾸만 궁금해지는 사람. 스치듯 풍기는 향기에도 설레고 몹시 흥미로운 그런 사람 말이다. 그러니 지금의 나는 이제 막 사랑을 시작한 수줍은 소녀처럼 이름 없는 술이 담긴 잔을 손에 쥐고 신나게 누룩을 밟으며 노래를 부를 수 있는 것이다.

이름도 몰라요 성도 몰라
처음 본 술독에 풍당 담겨
푸른 달빛 아래
반짝 별빛 아래
술 마시는 술꾼의 순정

홍천

멋있는 어른

점심으로 시원한 김치말이 국수를 먹고 잠시 장독대 옆에 누웠다. 술을 만들면서 계속 술을 마신 탓인지 정신이 몽롱했다. 조금 쉬었다가 바로 대표님께서 해주시는 전통주 강의를 들어야 했기에 나는 눈을 감고 내가 우리 술에 대해 무엇을 알고 있나 떠올려 봤다. (당연히) 떠올릴 것이 별로 없었다. 그때 진이가 내게 물었다.

"야, 너 탁주랑 막걸리랑 동동주가 어떻게 다른지 알아?"

"글쎄. 탁주는 탁한 술, 막걸리는 막 거른 술, 동동주는 동동 뜬 술…… 크흐흐……."

"동동주가 그 막걸리 가라앉고 나서 위에 있는 맑은 술 아닌가?"

"에? 그건 청주 아닌가? 맑은 술? 야, 기다려 봐. 검색해보자. 아아

국어사전 보니까 탁주랑 막걸리는 같은 말이래. 막걸리는 '맑은 술을 떠내지 않고 그대로 걸러 짠 술', 동동주는 '맑은 술을 떠내지도, 거르지도 않아서 밥알이 동동 뜨는 막걸리'래."

"응, 그렇구나. 그렇게 다른 거구나."

"그러게 네 덕분에 나도 이제 안 헷갈리겠다."

나는 다시 눈을 감고 속으로 탁주, 막걸리, 동동주의 개념을 곱씹다가 왜 진이가 처음에 그 셋이 어떻게 다른지 아느냐고 물었을 때 내가 바로 '모른다'고 하지 않고 헛소리를 했는지 생각했다. 그러고 보니 나이가 들면서 늘어난 기술(?) 중 하나가 바로 이게 아닌가 싶었다.

'잘 몰라도 일단 아는 척 하기.'

그동안 무슨 일이 생길 때마다 그건 그런 거 아니야? 이건 이런 거

아니야? 말해 왔지만 사실 정확히 아는 것은 별로 없던 적이 많았다. '우주의 얕은 지식'이 당당하게 모두의 지식이 되고, '고전문학 읽은 척 매뉴얼' 같은 책들이 인기인 요즘이니 비단 내 이야기만은 아닌 것 같다. 몰라도 사는데 아무 지장이 없는 것들까지 다 알아야 할 필요는 없겠지만, 대충 아는데 아는 척 하는 건 조금 멋 없는 거 아닌가 싶다.

회사를 다닐 때 있었던 일이다. 어느 날인가 제법 많은 인원이 모여서 회의를 했는데, 회의 중간에 논의의 맥락을 놓쳤다. 그 뒤로는 아무리 집중해도 도무지 지금 이 회의가 어디로 흘러가는지 갈피를 잡을 수 없었다. 그때 주변을 둘러보니 모두들 고개를 끄덕이며 알아듣고 있는 듯했다. '아, 나만 못 알아듣는구나' 싶어 일단 회의가 끝날 때까지 조용히 있었다. 회의가 끝난 뒤, 슬쩍 옆자리에 있던 선배에게 해당

내용을 물어보니 그 분도 몰랐다. 그 옆자리에 있던 선배도, 그 옆자리에 있던 선배도…… 사실은 모두 몰랐다. 세상에, 정작 아무도 모르면서 다들 고개를 끄덕인 거였다!

30대의 시작인 서른은 딱 그런 때인 것 같다. 잘 몰라도 아는 척 해야 살아남을 수 있는 나이, 아직 어린데 어른인 척 해야 하는 나이. 가끔 가만히 주위를 둘러보면 모두가 그러고 있는 것 같다는 생각이 들어 안타깝기도 하고 우습기도 하다. 물론 멀리 갈 것도 없이 나부터 그러고 있지만 말이다. 아등바등 가면무도회가 따로 없다.

가면을 벗은 맨 얼굴이 자신 있는 진짜 어른이 되고 싶다.

화장 지운 맨 얼굴도 자신 있는 여자도 되고 싶고.

마음 세수

'여기까지 와서 할 이야기가 그것뿐이었을까?'

잠을 자려고 바닥에 자리를 펴고 누운 나는 창밖으로 보이는 별들을 보며 생각했다. 베개를 베고 모로 누우니 창밖으로 하늘의 별이 눈앞으로 쏟아져 들어왔다. 이곳은 정말이지 아름다운 곳이다. 그런데 오늘 나와 진이는 그런 곳에서 훌륭한 음식과 향기로운 술을 마시며 주구장창 다른 사람 험담만 했다. 대학 시절에 만난 개념 없는 친구 커플, 전 직장에서 만난 꼴불견 인간, 그리고 친구의 친구 이야기까지. 이야기 속에 나오는 모두가 속물이고, 정신병자고, 나쁜 사람들이었다.

달리 그들에게 화가 났다거나 진지하게 혐오한 것은 아니었다. 그냥 세상에 그런 미친 사람들도 있다며 탄식하고 키득거렸을 뿐이다. 다른 이들의 이야기를 가벼운 안주거리로 생각하며 무책임하게 떠들면서 그야말로 심심풀이를 했던 것이다. 부끄러운 줄 몰랐다. 그런 우리를 가만히 지켜보던 팀장님이 한마디 하기 전까지는 말이다. 이곳 예술의 팀장님은 우리 술을 배우기 위해 8개월 전 홍천으로 찾아 온 젊은 남자 분이다. 주변에 있는 것이라고는 첩첩이 둘러싼 산뿐인 이곳에서 생활하며 양조장 일을 돕고 있던 그는 간만에 찾아 온 또래 손님인 우리를 살갑게 대해주었다. 그런데 그런 그가 도저히 못 참겠다는 표정으로 귀를 막으려 우리에게 소리쳤다.

"야아~ 나 그동안 깨끗하고 좋은 것만 접하며 살고 있었는데, 너희들 왜 여기 와서 그런 안 좋은 소리만 하는 거야. 아, 내 귀를 씻고 싶다."

예상하지 못한 그의 말에 나는 멍해졌다.

'귀를…… 씻고 싶다고?'

충격에 흐려지는 정신을 부여잡고 지금까지 우리가 한 말들을 곱씹어 봤다. 좋은 얘기가 하나도 없다. 우리의 대화 속에는 바라보기만 해도 아름다운 부부, 숨소리마저 배우고 싶은 선배, 늘 힘이 되어 주는 친구 같은 건 없었다. 상황에 대한 불평과 냉소, 다른 사람을 욕하며

나 자신이 그들보다 낫다는 것을 확인하려는 씁쓸한 발버둥만 가득할 뿐이었다. 방으로 돌아와 자리에 누워 하늘의 별을 보고 있자니 한층 더 부끄러웠다.

'이름값도 못 하는 것…….'

한참 자책을 하고 있는데 진이가 나를 불렀다.

"야, 자냐?"

"아니……."

"우리가 하는 말 듣고 귀를 씻고 싶대……."

"응 그거 충격이었어. 우리가 그동안 뭔가 중요한 걸 잃어버리고 살았나 봐. 진창에 있어서 더러운 줄도 몰랐나 봐. 나도 같이 더러워진 것도 모르고."

"그랬나 보네 정말. 야, 우리도 귀 씻자. 눈도 씻고, 입도 씻고, 이참에 여기서 마음까지 깨끗하게 씻어 버리자."

"그래, 그러자."

정말 꼭 그러자.

그랬나 보네 정말.

야, 우리도 귀 씻자. 눈도 씻고, 입도 씻고.

이참에 여기서 마음까지 깨끗하게 씻어 버리자.

발효

힘들 게 빚어 완성된 누룩을 보고 있자니 마음이 뿌듯하다. 내가 한 것이라고는 밀과 물을 섞은 뒤 꾹꾹 눌러 밟은 것뿐인데, 이 녀석이 장차 술의 맛과 향을 결정짓는데 핵심적인 역할을 하게 된다고 생각하니 그저 놀라울 따름이다. 그러나 방금 만든 누룩이 바로 술을 빚는 데 쓰는 것은 아니다. 그 전에 우선 발효의 과정을 거쳐야 하기 때문이다.

누룩의 발효라. 그냥 뜨끈한 곳에 대충 잘 두면 알아서 되겠거니 생각했는데 그게 아니었다. 먼저 잘 빚은 누룩을 신문지로 여러 겹 꼼꼼하게 싼 뒤, 비닐로 한 번 더 싼다. 그 상태로 따뜻한 곳에 두었다가 2~3일에 한 번 꺼내어 뒤집어주고, 누룩을 싼 신문지도 새 것으로 갈

아주고 하는 과정을 2~3주는 반복해야 비로소 쓸 만한 누룩을 얻을
수 있다. 말이 쉽지 2~3일에 한 번씩 꽁꽁 싼 누룩을 다시 풀어서 살펴
보고 너무 마르거나 축축한 곳은 없는지, 곰팡이는 골고루 피고 있는
지, 이상한 냄새는 안 나는지 살피는 일에는 여간 정성이 필요한 게 아
니다. 좋은 누룩을 얻으려면 온도뿐 아니라 습도에도 많은 신경 써야
하기 때문에 잘 만들면 최고의 술을 만드는 데 없어서는 안 될 중요한
재료가 되지만, 그렇지 않을 경우에는 그냥 곰팡이가 가득 핀 밀 덩어
리가 될 뿐이다.

　퇴사할 무렵 나는 '어떤 삶을 살 것인가, 어떤 사람이 되고 싶은가,
어떤 모습으로 늙고 싶은가' 깊이 고민했다. 아침부터 저녁까지 회오

리치는 일상에서 한 발자국 물러나 제주에서 보름간 혼자만의 시간을 갖기도 했고, 다시 3주 동안 매일 회사에 한 시간 먼저 출근한 뒤 아무도 없는 빈 회의실에 앉아 수첩과 펜을 앞에 두고 생각을 했다. 그냥 가만히 앉아서. 종종 눈을 뜨고. 대부분 눈을 감고. 내 안을 들여다보았다.

그때 한 선배는 내게 '스무 살 때 했어야 하는 고민을 지금 하고 앉아 있다'며 혀를 찼다. 한심함과 안타까움이 뒤섞인 눈빛을 하고선 말이다. 나는 그 선배가 한 번 했던 고민을 다시는 하지 않는 정말 훌륭한 사람이거나, 그냥 삶에 대한 고민을 포기해버린 사람이라고 생각했다. 세상에 '스무 살에 할 고민'과 '서른 살에 할 고민'이 따로 있을까. 그렇다면 스무 살에 한 고민을 서른 살에 '다시' 하면 안 될까. 아니 어쩌면 저런 고민은 그냥 평생 계속 해야 하는 것 아닌가. 의문이 들었다.

어쩌면 삶에 대한 고민은 누룩과 같은 게 아닐까? 고민에 대한 나름의 답을 아무리 단단하게 잘 만들었다고 생각하더라도 그냥 그대로 계속 방치하면 안 되는 것이다. 방심하고 소홀히 하는 순간 썩어 부서지고 만다. 그러니 계속 다시 꺼내어 이리 저리 살펴보고, 문제는 없는지 들여다보고, 괜찮으면 다시 잘 두고, 또 어느 정도 시간이 지나면 다시 꺼내 만져보고, 냄새도 맡아보고 그렇게. 내 고민을 정성껏 발효시켜야 내 삶 또한 잘 익은 술처럼 향기로워지지 않을까?

성공한
삶이란

뭘 해야 할까. 대체 뭘 해서 먹고 살아야 할까. 일과 성공에 대한 고민이 들 때마다 나는 성공한 사람의 삶을 뒤적거려본다. 책을 사서 읽기도 하고 시간을 내어 강의를 찾아가 보기도 한다. 그러다 보면, 성공한 사람이 말하는 성공 공식은 언제나 그 큰 맥락을 같이 한다는 사실을 알게 된다. 그들은 우연히 어떤 일을 만나 그게 운명이 되었고, 그들은 자신이 하는 일을 정말 사랑해서 일을 생각하면 아무리 힘들어도 늘 설렌다. 잠은 아주 조금 자고 밤을 새울 때도 부지기수에다가 심지어는 일과 놀이의 경계가 없다는, 믿을 수 없는 이야기까지 한다.

글쎄 모르겠다. 멀쩡히 다니던 회사에서 뛰쳐나와 방황하는 나와 졸업을 하고도 취업을 하지 못해 매일을 밥벌이에 대한 고민으로 치열하게 살아가는 진이에게, 그리고 우리와 같은 수많은 청년에게 그들의 말은 '꿈에 그리던 이상형을 만나 불꽃처럼 열정적인 사랑을 한 끝에 결혼에 골인해서 행복하게 살았다'는 말처럼 환상적인 환상으로 들린다. 환상적이긴 한데 현실에서는 좀처럼 일어나지 않는 진짜 환상 말이다.

지금까지의 나는 운명적인 일이 언젠가 나타날 것이라는 희망에 지치기도 했고, 직접 찾아 헤매는 것이 고되어 절망하기도 했다. 나의 열정은 성공한 사람들이 말하는 것처럼 왜 그렇게 미치게 불타오르지 않을까 자책하며 괴로워했다. 그렇게 희망과 절망 사이를 바삐 오가다 보면 혹시 답이 잘못된 것이 아닐까 의심이 들 때도 있었지만 하도 많이 접해서 이미 뇌리에 깊이 박힌 '성공 공식'에서 쉽사리 빠져나올 수가 없었다. 괴로웠다. 그 상태에서 떠나 온 여행이었다. 혹시 도시에서 벗어난 깊은 산속에 들어가 술을 빚고 사는 사람들을 만나보면 조금은 다른 답을 찾을 수 있을까? 나는 기대했다.

"어쩌다 이곳에서 술을 빚게 되셨어요?" 이곳에서 하루 종일

틀어박혀 술만 빚는다는 L에게 물었다.

"글쎄, 막 너무 좋고, 싫고 그런 것은 없어. 우연히 '집에서 만든 술은 숙취가 없다'는 말을 듣고 직접 한번 만들어볼까 싶어서 배우기 시작했는데, 배우다 보니 배울 게 너무 많은 거야. 그래서 계속 배우다 보니 벌써 수년 째 여기서 이러고 있네. 그냥 술을 빚고 있으면 마음이 편안해. 걱정도 다 사라지고…… 글쎄, 인연이었던 것 같아."

'막 너무 좋고, 싫고 그런 것은 없다'는 말이 내 가슴을 쳤다. 운명이 아니라 '인인이었던 것 같다'는 덤덤한 말이 좋았다. '미치게 좋아서 정신을 못 차리는 일, 더 잘하고 싶어서 자신을 몰아세우는 것조차 희열이 되는 일이 아니어도 되는구나.' 나는 L을 통해 처음 알았다. 게다가 말처럼 걱정 없이 편안해 보이는 그는 분명 성공한 사람의 얼굴을 닮아 있었다. 그를 보면서 나는 내가 생각해온 '성공'이라는 개념에 뭔가

문제가 있다는 사실을 깨달았다. 불처럼 뜨거운 것뿐 아니라 이렇게 뭉근하게 따뜻한 것도 성공인데 말이다.

좋아하는 일을 잘하면서 돈도 많이 벌고, 지위도 높아지고, 명성까지 얻는 것이 성공이라는 생각은 내 것이 아니다. 다른 사람의 생각을 다양한 경로를 통해 흡수하다가 어느 순간 그게 내 생각이라고 착각한 것뿐이었다. 어쩌면 나는 내가 생각하는 '성공'을, 스스로 충분히 깊이 있는 고민을 해본 적이 없는지도 모르겠다. 나는 그동안 내 머리를 가득 채우고 있던 성공 공식을 이곳 홍천에서 지워버리기로 했다. 그리고 내 서른은 내가 원하는 '성공한 삶'이 무엇인지 확고히 하는 데 쓰여야 할 것이라고 생각했다. 그래야 훗날 모든 것이 끝났을 때, '아 이건 내가 원했던 게 아니었어!'라고 후회하는 일이 없을 테니까.

홍천

불안에
대처하는 자세

　술 빚기의 마지막 과정은 잘 지은 고두밥과 잘게 부순 누룩을 섞는 '혼화'다. 혼화가 두 가지 물질이 뒤섞이어 전혀 다른 물질이 되는 것을 이르는 말인 만큼, 혼화 작업은 누룩과 밥이 각각의 형체를 알아볼 수 없을 정도로 하나가 될 때까지 계속 치대야 하는 중노동이다. '내 손이 내 손이 아니여~' 하는 생각이 들 때까지 한참 치대다 보면 고두밥과 누룩이 잘 섞여 질퍽한 죽처럼 되는데 그럼 다 된 것이다. 마지막으로 그것들을 항아리에 조심스럽게 옮겨 담고, 라벨을 붙여 술을 빚은 날짜와 들어간 재료를 적은 뒤 뚜껑을 닫으니 뿌듯함이 가슴을 채웠다. 이 녀석이 이제 40일 정도 부글부글 신나게 발효되면 내 인생 최초의 술이 탄생한다고 생각하니 기대감으로 내 속이 먼저 부글거렸다. 그러나 그런 기분도 잠시, 나는 조금씩 불안해지기 시작했다.

　"야, 진아. 이거 우리 집에 들고 가서 그냥 잘 두면 진짜 술이 될까?"

　"안 그래도 나도 걱정하고 있었어. 이거 완전 망해서 먹지도 못하고 다 버리는 거 아니야?"

"그러니까 양조장에서는 온도랑 습도랑 다 완벽하게 조절하지만 우리는 그렇게 관리를 할 수가 없으니까……."

"아, 진짜 힘들게 만들었는데. 하라는 대로만 하면 정말 되는 건가? 왠지 아닐 것 같아. 걱정된다 어떻게 하지?"

"그러게 어떻게 하지? 우아, 어떻게 해?"

처음 만든 술인 만큼 정말 맛있게 익었으면 좋겠는데, 나의 부족함으로 그렇게 안 될까 봐 술을 만든 기쁨을 즐길 새도 없이 동동거렸다. 심지어 '이걸 막걸리 전문점에 가져가서 대신 보관해 달라고 부탁해볼까? 어디선가 대신 기계에 넣어 발효해주고 시간당 얼마 받는 곳도 있다던데 찾아 봐야겠다.' 이런 저런 방법까지 고민했다.

그렇게 걱정을 하다가 갑자기 그런 나와 진이가 좀 이상하다는 생각이 들었다. '아니 왜? 우리가 왜 이런 생각을 하는 거지?' 우리는 새벽같이 일어나 수백 번 쌀을 씻어 밥을 지었고, 밥을 골고루 펴서 고슬고슬하게 잘 식혔고, 발목이 시큰거릴 정도로 누룩을 열심히 밟았다. 배운 대로 꼼꼼하게 혼화 작업을 했고 정성 들여 항아리에 술을 담았다. 이렇게 만든 술은 저만의 방법으로 발효되어 분명 세상에 하나뿐인 맛과 향을 낼 것이다. 우리는 최선을 다 했다. 이 술은 때가 되면 반드시 그 존재감을 내게 보여줄 것이다. 그러니 불안해할 이유가 없다. 그런데도 왜.

어쩌면 '죽어라 해도 안 되었을 때'의 경험이 나와 진이에게 이런 불안감을 심어준 것일지도 모른다고 생각했다. 지원 회사의 매장을 스무 개나 직접 찾아가 보고, 문제점과 개선 방법을 고민해 가며 면접을 준비해도 면접관은 진이에게 나이 이외에 그 어떤 것도 묻지 않았다. 정당한 절차를 밟아 일을 한 내게 돌아온 건 그 절차와 선례를 무시하고 모든 것을 원상 복귀시킨 상사의 치졸한 편법과 모든 것을 내가 한 것인 양 말하라는 거짓 진술 강요와 압박이었다.

가능한 최대한의 것을 포기해야 하는 'N포 세대'라 불리는, 참으로 불행한 세대에 속한 우리는 그렇게 알게 모르게 좌절하고, 그 과정에서 한없이 위축되어 온 것이다. 그저 정직하게 열심히, 그리고 뛰어나게 잘하는 것만으로는 그 어떤 것도 보장되지 않는, 잔인한 세상의 불확실성은 우리를 최선을 다 해도 마음껏 그 결과를 기대할 수 없는 불안한 청년들로 만들었던 것 같다. 씁쓸했다.

그러나. 그렇다고 해서. '이렇게 준비했으니 좋은 결과가 있을 거야!' 또는 '모두가 합의한 규칙이니 당연히 지켜질 거야'라고 생각하는 게 욕심인 삶을 나는 살고 싶지 않다. '이렇게 준비해도 안 되면 어떻게 하지?' 또는 '정말 규칙대로 해도 되는 걸까?' 하는 불안 속에 나를 내버려 두고 싶지도 않다. 그냥 그렇게 살기 싫다.

그러면 어떻게 해야 할까? 나는 그 답을 인터넷 서핑 중에 우연히 본 〈성장문답〉이라는 프로그램에서 찾았다. 서울대 정신건강의학과 윤대현 교수가 그랬다. 불안은 자기 협박이라고. 협박은 반응해서 같이 싸우면 더 커지니 불안에 에너지를 주면 안 된다고 말이다. 그러니 불안이 자신을 협박하려 할 때, 무대응으로 일관해야 한다고. 앞으로는 불안한 생각이 내 머릿속에 들어오면, 그걸 억누르거나 부정하려 하지 않고 그대로 둔 채 그저 하던 일이나 묵묵히 해야겠다. 그리고 추가로 하나 더. 불안의 원인인 불확실성, 그것마저 즐겨야겠다.

이 술은 세상에 하나뿐인 향을 지닌 맛 좋은 술이 될지도 몰라. 기대된다.

나는 세상에 하나뿐인 매력을 지닌 멋진 사람이 될지도 몰라. 정말 기대된다!

태인 양조장

만드는 술	죽력고, 송명섭 막걸리
지번 주소	전라북도 정읍시 태인면 태흥리 392-1
도로명 주소	전라북도 정읍시 태인면 창흥2길 17
전화 번호	063-534-4018
홈페이지	blog.naver.com/bearking57

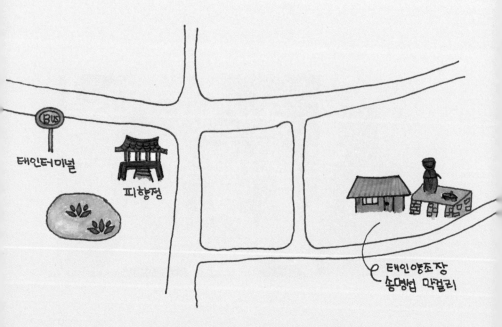

〈태인 양조장〉에서는 막걸리 및 누룩 빚기, 소주 내리기, 죽력(대나무액) 체험 등 다양한 프로그램에 참여할 수 있다. 단, 견학 및 체험이 인기가 많으니 넉넉히 시간을 두고 미리 전화로 체험 인원과 비용에 관한 상담과 예약을 할 것을 권한다. 근처에 가을 단풍의 진수, 조선팔경의 〈내장산 국립공원〉과 호남 제일의 정자 〈피향정〉 등의 볼 거리가 있으니 좋은 술 한 병 들고 한가롭게 아름다운 자연 속을 걷는 것도 좋겠다.

조커는 바로 나

전주에 도착했는데 아무도 없다. 메르스 때문이다. 방문하려 했던 한 옥마을 양조장도 문을 달았다. 역시 메르스 때문이다. 비가 억수같이 온다. 이건 메르스 때문은 아니지만 메르스만큼 당혹스럽다.

전국을 강타한 급성 호흡기 질환, 메르스 때문에 계획한 모든 전통주 관련 행사는 취소되었고, 엎친 데 겹친 격으로 계속되는 폭우 속에서 나와 진이의 전주 여행은 여러모로 시행착오를 겪어야 했다. 그리고 그런 우리를 만나는 사람들은 다들 이렇게 한마디씩 했다.

'왜 하필 지금 왔냐? 조금만 늦게 오지.'

'이걸 왜 여기서 먹냐? 저기 더 맛있는 집 있는데.'

'왜 여기에 왔냐? 오늘 같은 날은 거길 가야 좋은데.'

그런 말을 들을 때마다 나는 말하고 싶었다.

'아니 왜냐니요. 우리가 일부러 행사 다 취소되고 폭우 내리는 전주에서 맛없는 거 먹으면서 볼 것도 없는 곳에 가 실망하려고 한 건 아닐거 아니에요. 누가 몰라요? 우리도 알아요. 뭐가 좋은 건지. 근데 그게 상황이 그렇게 안 되는 걸 어째요…….'

그렇다. 나는 안다. 뭐가 좋은지 아주 잘 안다. 세상 모든 사람들이 인정해주는 직업이 좋고, 돈은 사고픈 거 마음껏 살 수 있을 만큼 넉넉하면 좋고, 진심으로 사랑하는 사람과 결혼해서 아무 걱정 없이 아이 낳고 행복하게 살면 좋고, 부모님의 기대와 바람을 채워주는 자식이 되면 좋고, 서른이 되어도 여전히 피부는 싱그럽고 탱탱한 게 좋고……. 다 안다고. 그런데 어디 인생이 그런가. 먹고살아야 할 길은 안개 속에 숨어서 보이질 않고, 돈은 왜 맨날 없는 것이며, 결혼을 하고 부모가 되는 일에는 기쁨보다 근심이 앞선다. 부모님 뵐 면목은 항상 없고, 서른이 되니 노화는 빛의 속도로 진행된다. 그러니까 진짜로. 상황이 그렇게 내 맘처럼 안 되는 걸 어쩌느냐고. 그러니 지금 내가 있는 이 상황을 받아들이고 즐기기라도 해야지 어쩌겠냐고. 아니 어쩌면 그게 더 멋있는 거 아니냐고.

미국의 소설가이자 사회평론가인 잭 런던(Jack London)이 말했었다.

"Life is not a matter of holding good cards, but sometimes, playing a poor hand well."

인생은 얼마나 좋은 카드를 손에 쥐었는지보다 자신이 가지고 있는 카드를 얼마나 잘 활용하는지에 달려 있다는 말인데, 정말이지 너무나도 그렇다. 좋은 카드로 좋은 플레이를 하는 건 누가 못 해. 어떤 카드를 쥐고 있어도 최상의 플레이를 해내는 게 진짜 멋진 거지. 그러니 가장 중요한 건 결국 플레이를 하는 나 자신이다. 내가 바로 인생의 조커인 것이다.

자, 나 지금부터 비가 와서 촉촉한 한옥마을에서 운치를 느끼고, 아무도 없는 길에서 첨벙첨벙 마음대로 달리기도 할 테니 괜한 소리로 초 치지 마시라! 우리의 전주 여행은 당신들의 그것보다 아름다울 거니까!

술은 술로,
사람은 사람으로

'전주에 왔으니 막걸리 골목을 가야지.'

계속 비가 오니 막걸리 마시기엔 오히려 더 잘되었다는 생각이다. 택시를 타고 막걸리 골목으로 가자고 부탁하니 기사님께서 전주 막걸리 골목은 서신동과 삼천동 두 곳이 있다고 하셨다. 원조 격인 삼천동은 아무래도 나이 지긋한 분들과 관광객들이 많이 찾고, 서신동은 요즘 젊은 사람들이 많이 간다는 말에 '그래도 원조는 원조니까 원조겠지' 하는 생각에 삼천동으로 발길을 향했다.

숙소에서 차로 15분 정도 달려 도착한 전주 막걸리 골목은 한산했다. 저녁 7시, 술을 마시기에 이른 시간이 아니었는데도 거리는 거의 텅 비어 있다시피 했다. 골목 안쪽에 있는 유명한 집에만 유일하게 손님이 가게 밖까지 줄을 서 있고, 나머지 집은 손님이 없어 직원들이 가게 밖까지 나와 호객 행위를 했다. 많은 사람들이 집집마다 가득히 앉아 신나게 막걸리를 마시는 왁자지껄한 분위기를 기대했기 때문에 조금 실망했지만, 이내 사람이 없고 조용한 덕분에 오히려 술과 음식에

집중할 수 있어 좋을지도 모른다는 기대를 했다.

배가 굉장히 고프기도 했고, 평소 음식을 먹자고 줄 서는 걸 그다지 좋아하지 않기 때문에 바로 방향을 틀어 사람이 없는 골목 입구 쪽으로 걸어 내려갔다. 그리고 길을 따라 **빽빽**하게 들어선 막걸리 집 중 관광객이 아닌 중년의 손님이 2~3테이블 이상 있는 곳을 찾아 들어가 자리를 잡고 앉았다. 전주 막걸리 골목은 술도 술이지만 함께 나오는 푸짐한 안주 때문에 더욱 유명하다. 술 한 주전자에 상다리 휘어질 듯 푸지게 안주가 나오고, 한 주전자 더 시키면 또 다른 상이 차려져 나오고, 또 나오고 하는 식인데 나와 진이처럼 적은 인원으로 가면 아무래도 두 번째, 세 번째 상을 받아보기 힘드니 다양한 안주를 맛보고 싶다면 많은 사람이 함께 가는 게 좋다. (둘이서 막걸리 세 주전자 정도는 거뜬한 사람들은 해당되지 않는 이야기이다. 혹시 지금 이 글을 읽고 있는 당신이 그런 사람이라면…… 부럽다!)

술을 한 주전자 받아 마셔보니 술 맛은 특별할 것 없이 평이한, 우리 모두가 아는 막걸리의 맛, 그것이었다. '막걸리 골목'이라고는 하지만 막걸리 맛이 남달라서 생긴 이름은 아닌 것 같다. 사장님께 주전자 안에 있는 막걸리에 대해 여쭤보니, 전주 막걸리 골목에 있는 모든 막걸리 집에서는 전주시 막걸리 판매량의 70퍼센트 이상을 차지하고 있는 한 회사에서 만든 제품을 가져다 판다고 하셨다. 어딜 가나 막걸리 맛은 같으니 안주 많고 푸짐한 집이 인기인가 보다. 집집마다 색다른 막걸리를 판다면 더욱 좋았을 텐데, 하는 아쉬움이 일었다. 그러나 여행

중에 아쉬움을 너무 붙잡고 있으면 순간의 즐거움을 놓치게 되는 법, 나는 곧 그 아쉬움을 털어버리고 내 앞에 놓인 풍성한 술상을 즐겼다. 한참 신나게 먹고 마시다 보니 어느새 취기가 얼큰하게 올라왔다. 한 주전자에 막걸리 세 병 정도가 들어가고 진이가 컨디션이 좋지 않아 거의 술을 마시지 않았으니 거의 내가 다 마신 격이 되었다. 결국 두 번째 주전자로 넘어가기도 전에 얼큰하게 취한 나는 휘청휘청 숙소로 겨우 들어와 쓰러지듯 잠들었다.

다음 날 아침 눈을 뜨니 속이 좋지 않았다. 과음을 하면 안 되는데, 언제나처럼 그게 참 쉽지가 않다. 해장이 급했다. 이곳 전주가 콩나물국밥으로 유명한 곳이라는 사실이 그저 축복처럼 느껴졌다. 나는 오늘의 일정을 이야기하는 진이에게 '다 필요 없고 일단 무조건 콩나물국밥!'이라 외치며 대충 옷을 몸에 꿰고 그녀를 끌고 밖으로 나왔다. 그리고 비척비척 좀비처럼 걸어 겨우 도착한 숙소 근처의 한 콩나물국밥 집에서 몇 번이나 사자후를 터뜨렸다.

"흐어어어어억 시원어어어원 하드아아아아!"

역시 해장에는 콩나물 국밥이 최고다. 정신없이 밥그릇에 코를 박고 먹다가 잠시 고개를 드니 메뉴판에 쓰여 있는 '모주'라는 글씨가 눈에 들어온다. 모주라······. 남대문에서 회사를 다닐 때 종종 선배들이 마시는 걸 본 적은 있지만 직접 마셔본 기억은 없다. '저게 해장술이라던데.' 나는 그때 주워들은 것은 바탕으로 소중한 내 몸뚱이를 회복시키려고 모주를 한 잔 주문했다. 모주는 말이 술이지 도수가 1.5도밖에

되지 않아 마셔보면 언뜻 진한 수정과 같기도 하고, 계피 맛 한약 같기도 하다. '해장술'이라기에 그래도 술인 줄 알았는데 그보다는 몸에 좋은 차 같다. 나는 대학 때 해장술이라며 아침부터 소주를 먹이던 선배들을 떠올리며 뒤늦게 부들거렸다. '날 속였다! 난 속았어! 그랬던 거야! 부들부들!' 다행히 내가 부들거리거나 말거나 콩나물 국밥과 모주 콤비는 날 위해 최선을 다 해주었고, 덕분에 내 육체는 빠르게 평온을 되찾았다.

술 때문에 상한 속을 술로 풀어낸다니, 뜬금없지만 회사를 그만둘 때의 내 모습이 생각났다. 퇴사를 결심하고 주변에 사실을 알렸을 때 가장 많이 들은 이야기가 '인마, 나한테 말을 하지!'였다. 당시 몇 번의 좌절을 겪으며 사람을 향한 마음을 단단히 닫아버린 나는 내 힘든 상황을 혼자 끌어안은 채 끙끙거리다 온전히 혼자만의 결정으로 사표를 썼다. 누군가를 믿고 속마음을 이야기하면 다음 날 아침 내 이야기가 씹기 좋은 가십이 되어 그 날 모두의 저녁 안주가 될 것 같았다.

당시 나는 정이현의 소설『나의 달콤한 도시』에서 주인공이 한 말에 깊이 동감하고 있었다.

"나이 들수록 점점. 아무리 친한 친구에게라도 내 깊은 속내를 쉬이 털어놓을 수 없게 되는 것을. 혓바닥을 놀려 진심의 조각을 입 밖으로 밀어내는 순간, 진심은 진심이 아닌 것으로 변한다. 누구의 탓도 아니다. 다만 의외의 곳에서 그 책임 없는 말의 유령과 조우했을 때 받게 되는 고약한 느낌에 대하여 더듬더듬 기억할 수 있을 따름이다."

그러니까 나는 서른 살을 먹으면서 제법 자주 그 유령들을 마주했고, 그 때문에 결국에는 마음도 입고 꾹 닫아버린 것이다. 그러나 그런 내게 많은 분들이 먼저 다가와 '힘들면 말을 하지. 그랬으면 내가 도와줬을 텐데 이 바보야' 하면서 마음 아파해주시고, 다독여주시고, 응원해주셨다. 누군가에게 고민을 털어 놓았다고 해서 내가 고민하던 문제가 해결되지도, 퇴사를 하겠다는 내 결심이 바뀌지도 않았을 것을 안다. 그러나 그 과정에서 누군가에게 내 아픔을 가져가 기대었을 때 나는 아마 조금 덜 외로웠을지도 모른다. 사람에게 받은 상처는 결국 사람이 치유해줄 수밖에 없는 것이니까……. 나는 어쩌면 당연한 그 사실을 퇴사하고 6개월, 이곳 전주에서 모주를 마시고서야 깨달았다.

몸도 마음도 따뜻하게 회복한 나는 국밥 집을 나서며 2000년대 초

반 하림이라는 가수가 불렀던 〈사랑이 다른 사랑으로 잊혀지네〉라는
노래를 장난스럽게 흥얼거렸다.

사랑이 다른 사랑으로 잊혀지네~
사람이 다른 사람으로 잊혀지네~
술이 다른 술로 잊혀지네~

전주

꼰대 주의보

"나는 꼰대만은 되지 않겠어. 아아, 진정으로 꼰대만은 되고 싶지 않아. 어느 순간 나도 모르게 꼰대가 되면 어쩌지? 생각만 해도 끔찍해! 혹시 내가 꼰대같이 굴면 바로 말해 줘. 때려도 돼. 진짜 진짜 진짜 진짜 부탁이야."

실제로 후배들에게 내가 종종 하던 이야기다. 나이가 들어 30대에 접어들면 여기저기에서 후배가 생기기 시작한다. 처음 고민을 한 아름 들고 와서 초롱초롱한 눈으로 나를 올려다보던 후배를 봤을 때 나는 '아우, 나도 잘 모르는데' 하는 곤란함과 '뭔가 엄청난 걸 말해줘야 만 할 것 같다'는 부담이 내 안에 공존하고 있는 것을 느꼈다. 누가 봐도 잘못하고 있는 후배를 볼 때는 '선배로서 따끔하게 일러주어야 한

꼰대 주의보   53

다'는 의무감과 '내가 뭐라고 나서나 내 앞가림도 못 하는 주제에'라는 자괴가 나란히 손 붙잡고 딴딴딴딴 따라라 딴딴 아주 그냥 탱고를 춰 댄다. 그렇게 곤란, 부담, 의무, 자괴가 뒤섞인 상태에서도 나는 나름 의 정신 승리로 그동안 제법 많은 후배에게 이런 저런 조언을 해왔다. 그리고 그때마다 내 가슴 속에 깔려 있는 가장 큰 감정은 일종의 '꼰대 강박'이었다.

'헉, 나 방금 꼰대 같았나? 어, 나 지금 약간 꼰대 느낌? 앗, 저 눈빛 은? 쟤 지금 혹시 날 꼰대로 생각하는 거? 에이 젠장, 이건 내가 생각 해도 약간 꼰대 같았음. 악! 악! 악!'

뭐 이런 식이다. 이런 강박은 당연히 그동안 내가 접한 수많은 꼰대 에게 당한 트라우마 때문인데, 내가 생각하는 그들의 가장 큰 특징은 좁은 세계관의 강요와 병적인 인정 욕구, 이 두 가지다.

좁은 세계관의 강요는 말 그대로 자신이 보고 겪은 그 작은 세상만 이 옳다 여기고 심지어 후배들에게 자신과 똑같은 삶과 가치관을 강 요하는 것을 말한다. 이런 사람들은 인간이 가지고 있는 모든 다양성 은 애초부터 고려하지 않기 때문에 주로 남의 말은 귓등으로도 안 들 는다. 병적인 인정 욕구에 영혼을 빼앗긴 사람은 '나는 네 생각을 존중 해'라는 말을 하면서 사실은 '날 선배로 대우해줘. 왜냐고? 너보다 나 이가 많으니까. 심지어 너한테 이렇게 밥과 술을 사주잖아. 그러니 내 게 머리를 조아려. 날 존경의 눈빛으로 봐줘. 날 칭송해줘. 그러지 않 으면 괴롭힐 거야'라고 행동한다. 그리고 실상은 이 두 가지가 매우 복잡하게 얽혀 있는 경우가 많다. 물론 초면에 반말은 필수다.

이러니 처음 이곳 전주에서 머무를 숙소에 도착했을 때 사장님의 행동은 나같이 꼰대 트라우마가 있는 인간이 경보를 울리기에 충분했다. 우리가 도착했을 때 숙소는 낮 시간인데도 불구하고 문이 잠겨 있었고, 인적이 전혀 없었다. 당황해서 예약한 휴대전화 번호로 전화를 걸자 이곳 사장님이 분명한 한 중년 남자가 전화를 받았는데 대뜸 자기가 지금 밖이라 숙소에 갈 수 없으니, 셀프 체크인을 하라면서 이런 저런 것들을 안내하기 시작했다.

"어 그 현관 보면 번호 키가 있지요? XXXX를 누르고 들어 가. 그럼 우측에 있는 서랍 두 번째 칸에 수건 있으니까 꺼내서 쓰고. 자, 안으로 들어가면 문이 하나 더 있어. 찾았어요? 그래 그럼 그 옆 테이블 스탠드를 살짝 들면 열쇠가 숨겨져 있어. 그걸로 문을 열고, 열쇠는 다시 제자리에. 했어? 그렇지! 그리고 신발 벗고 들어가서 맨 끝 방 쓰고, 다른 침대에 있는 침구는 건드리지 않는 걸로!"

반말과 존댓말이 7대3의 비율로 섞여 있는 말투로 조식 시간이나 게스트하우스의 룰 같은 것들을 빠르게 설명하는 그의 목소리에 이끌려 정신없이 그가 내려주는 미션을 수행하고 전화를 끊고 나니 기분이 조금 야릇했다.

"진아, 이 아저씨 막 반말로 설명해. 자기 딸한테 말하는 것처럼. 이게 하대를 하는 건지 친근하게 대해주는 건지 느낌이 아리송하네."

"헐 진짜? 아무리 나이가 많아도 대뜸 반말 하는 사람들 별로야 진짜."

"그러게. 이게 전화라서 그런가? 이상하게 기분이 요상하네."

"여기 오면서 택시 아저씨한테 하도 반말로 구박을 받아 그런가. 기분 나쁘네. 자기보다 나이 어리다고 첨부터 막 대하는 거 너무 싫어."

"그러게 뭐…… 이따 직접 만나보면 알겠지."

그렇게 사장님이 진짜 어떤 사람인지 알아보는 것은 나중으로 미루고 우리는 한옥마을에 가서 한참 재미있게 놀다 숙소로 돌아 왔다. 입구에 웬 외국인 청년이 서 있기에 여행자인가 했더니, 그게 아니라 그가 바로 이곳 매니저였다. 펠리페, 라는 이름을 가진 이 브라질 청년은 오로지 사장님을 믿고 이 먼 나라까지 왔다고 했다. 그러면서 이곳 사장님은 자기에게 정말 아버지 같은 분이시고, 막걸리 포함, 전통주를 정말 좋아하시니 아마 너희들과 이야기도 잘 통할 거라고도 했다. 어, 듣다 보니 아까 수화기 너머에 있던 그를 어쩌면 내가 오해했을지도 모른다는 생각이 들었다.

아니나 다를까. 늦은 밤 숙소로 돌아오신 사장님과 전주 막걸리를 나눠 마시면서 사장님 같은 어른은 초면에 욕을 해도 감사히 들어야겠다는 마음이 들 정도로 그의 팬이 되어 버렸다. 좁은 세계관? 그런 거 없다. 젊은 시절 온갖 사람들과 온 세계의 땅을 골고루 밟고 다닌 경험의 폭은 서른 살 먹은 애송이가 감히 가늠할 수 없을 만큼 넓었고, 자신보다 서른 해는 덜 산 아이들의 말에도 진심으로 귀 기울이며 들어주고 눈높이를 맞춰 대화할 만큼 사고가 열려 있었다. 어린 사람들에게 몇 가지 제안은 해도 강요는 하지 않았고, 스스로 자신의 삶을 인정하니 다른 사람의 인정은 따로 필요가 없어 보였다. 정말이지 이게 얼마 만에 만나는 진짜 어른인가 싶어 존경이 절로 일었다.

이런 감정은 나뿐 아니라 진이도 똑같이 느꼈는지, 잠을 자려고 누운 채 우리 둘은 한참이나 사장님에 대한 이야기를 나누었다. 진이는 어떻게 나이 들어야 꼰대가 아닌 멋진 어른이 될 수 있을지에 대한 답을 찾은 것 같다고 했다. '정말 멋진 어른은 '나처럼 살아라'라고 말하지 않고 그냥 사는 거라고. 그럼 그를 본 어린 사람들이 알아서 인정하고, 따르고, 그처럼 살고 싶어 하는 거라고 말이다. 나는 진이의 말에 깊이 동의했다. 그리고 '초면에 반말하면 꼰대'라는 나의 편협한 논리도 이참에 버려야겠다는 생각을 했다.

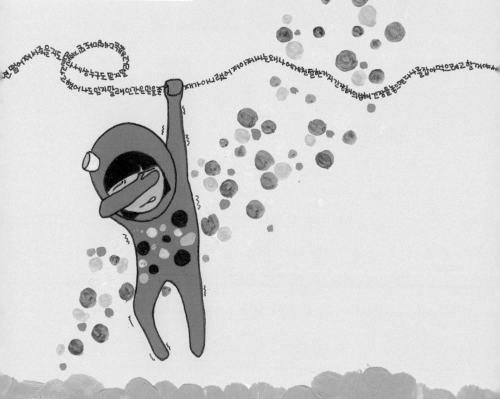

밑고 믿고
또 믿기

전주

정읍의 태인 양조장에 가려고 전주에서 버스를 타고 두 시간 만에 도착한 정읍의 태인 터미널은 '터미널'이라기보다는 작은 정류장에 가까웠다. 관광객을 위해 한껏 치장한 전주 한옥마을에 비하면 무심한 듯 소박한 정취였다. 서울에서 전주로, 전주에서 정읍으로 여행 속 여행을 하다 보니 마치 내가 좋은 술 맛을 찾아 굽이굽이 외진 곳까지 찾아가는 임무를 수행하는 전통주 원정대라도 된 것 같은 착각이 일었다.

그러니까 오늘의 미션은 태인 양조장 찾기! 버스에서 내려 여행에 들뜬 마음을 가다듬고 사방을 둘러보며 가야 할 방향을 가늠하고 있는데 누군가 다가와 말을 걸었다. 검은색 트레이닝 바지에 삼선 슬리퍼, 그리고 회색 체크 셔츠를 입은 수더분한 남자였다. 편안한 차림새만큼이나 여유 있는 태도에서 그가 이곳 주민이라는 사실은 쉽게 짐작할 수 있었다. 거침없이 나를 향해 걸어온 그는 대뜸 "태인 양조장 가지? 따라 와, 내가 알려 줄게!"라고 말했다.

'아, 아니 어떻게 알았지?' 생각하고 있었는데, 어떻게 알았는지 "나 아가씨랑 같은 버스 타고 있다가 여기서 같이 내렸거든, 버스에서 하는 이야기 들었어" 하고 아직 묻지도 않은 질문에 대답을 했다. 지도를 보고 힘들게 직접 찾아가는 것보다 그를 따라가는 것이 훨씬 수월할 것도 같고, 친절하게 길을 알려준다는 호의를 마다할 이유도 없어서 나는 흔쾌히 그의 뒤를 따랐다. 그는 뒤에서 내가 따라가든 말든 저만치 앞장서서 걸으며 연거푸 담배 연기를 뿜어댔는데, 그래서인지 자꾸만 『이상한 나라의 앨리스』에 나오는 담배 피우는 애벌레가 생각났다. 진짜로 같은 버스를 탔는지 어쨌는지 확인할 수 없는 내 입장에서는 누군가 갑자기 뿅, 하고 나타나 길을 알려주며 연기를 뿜어댔으니 말이다. 덕분에 담배 연기가 마치 다른 세계로 갈 때 깔리는 환상적인 무대 효과처럼 느껴지기도 한 것 같다.

내가 이런 생각을 하는 것을 알 길이 없는 그는 길을 안내하는 사람이 맞나 싶을 정도로 뒤도 한 번 돌아보지 않고 빠르게 걸어갔다. 얼마나 걸었을까? 그가 갑자기 인터넷에서 미리 찾아본 양조장 건물이 아닌 다른 장소로 발길을 옮겼다. 그때부터 그를 향한 의심이 슬그머니 고개를 들었다. '여기가 어디지? 양조장에 데려다준다고 해놓고 왜 이런 곳으로? 역시 처음 보는 사람은 따라가면 안 되는 걸까? 으 어떻게 하지?' 나는 적절히 상황을 살피다 때를 봐서 그에게서 벗어나야겠다

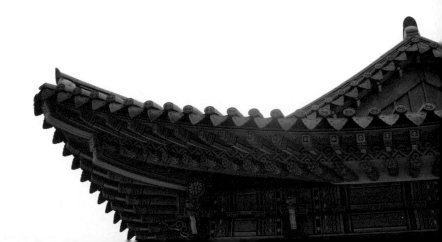

고 생각하며 긴장의 끈을 팽팽히 당겼다.

　남자가 걸음을 멈춘 곳은 신라시대 최치원이 풍월을 읊었다는 이야기가 전해 내려오는 호남 제일의 정자 '피향정'이라는 곳이었다. 그는 나와 진이에게 태인에 왔으면 이곳은 꼭 들러야 한다며 우리를 피향정 위로 이끌었다. 얼결에 신발을 벗고 정자에 올라서니 눈앞에 커다란 연못이 보였다. 연못에는 아직 꽃이 피지 않은 연잎이 가득해 그 푸르름이 보기 좋았고, 어디선가 시원한 바람이 불어 와 이곳까지 걸어오느라 맺힌 땀도 보송보송하게 말려주었다. 속으로 내심 '어라, 여기 좋네' 하고 생각했지만 그래도 경계는 늦추지 않았다. 남자는 이런 내 마음을 아는지 모르는지 이곳의 역사와, 유래, 그리고 기둥의 숫자와 별자리의 관계 등 믿어도 좋을까 싶은 것들을 끊임없이 이야기했다. 정자에서 내려와서는 정자 앞에 일렬로 늘어선 비석들의 내용까지 막힘없이 설명해주었는데, 그때부터 나는 도대체 이 분이 왜 이럴까 진

심으로 궁금해지기 시작했다. 물론 별로 좋지 않은 이유를 추측하면
서 말이다.

'왜 저러지. 이러다 갑자기 우리를 엄한 곳으로 데리고 가서 이 마을
특산품이라도 팔려는 걸까? 이제는 도저히 안 되겠다. 일단 이쯤에서
말을 끊고, 지금부터는 그냥 알아서 양조장에 찾아가겠다고 말을 해
야겠다.'

결심을 하고 입을 떼려는 타이밍에 맞춰 기가 막히게 그가 말했다.

"자 여기 설명은 이 정도로 할게. 나는 여기에서 계속 살았거든 그
래서 멀리서부터 여기 찾아 온 손님들에게 우리 마을의 명물을 소개
해준 거지. 아가씨들 운 좋은 줄 알아. 아가씨들이 나를 안 만났으면
이런 재미있는 이야기를 들을 수 있었겠어? 태인 양조장은 바로 저 앞
이야. 하하하. 아무튼 내 역할은 여기까지!"

남자는 여기까지 말하더니 미련 없이 등을 돌려 멀어져 갔다. 우리

의 감사인사도 듣지 않은 채 돌아선 상태에서 짧게 손을 들어 인사를 하던 그의 쿨한 뒷모습이 내내 인상 깊게 남았다.

쿨내 진동하는 그의 뒷모습을 보면서 나는 뭔가 당한 기분을 떨칠 수 없었다. 실제로 그가 내게 뭘 했다는 게 아니라 그냥 나 자신에게 당한 기분이었다. 순수한 선의로 자신의 시간을 내어 길을 안내하고, 마을에 대해 열정적으로 설명해준 사람을 나는 왜 무턱대고 의심했을까. 무엇이 나를 이렇게 만들었을까. 타인의 선의에 눈을 가늘게 뜨고, 어딘가 음흉한 저의가 있을 거라 의심했던 스스로의 모습에 기가 찼다.

언젠가 한 선배가 막 입사를 한 내게 이런 말을 한 적이 있다. "야, 아무도 믿지 마. 너도 믿지 마. 엄마도 믿지 마." 나는 그 말을 가슴 깊이 담아 두고두고 되새기면서 살았다. 그리고 누군가 나를 아프게 할 때마다 '역시 그 선배님 말이 진리였어. 인간은 믿을 존재가 아니야'라며 내게 엄청난 진실을 알려준 선배에게 감사했다. 그런데 어쩌면. 어쩌면. 그 선배가 틀렸을 수도 있겠다. 나는 그가 데려다준 태인 양조장 입구에 서서 생각했다. 만약 그때 누군가 내게 "야, 아무리 힘들어도 사람은 믿어. 너 자신을 믿어. 특히 엄마 말은 철썩 같이 믿어"라고 말했었다면, 지금의 나는 조금쯤 달라져 있었을까?

믿음은 마음에서 만들어지고 오해는 머리에서 만들어진다는 옛말이 있다. 이성을 잠시 접어두고 감성을 열었을 때 비로소 싹트는 믿음은 머리를 굴려서 내린 판단이 만들어내는 지독한 오해의 장에서 살아가는 우리에게 어쩌면 참으로 지켜내기 힘든 것일 수도 있다. 그래서 나 또한 제법 오랜 시간 동안 마음을 닫은 채 메마른 감성을 안고 머리를 굴리는 일에만 온 힘을 다 하며 살았던 것 같다. 이제는 스스로 치열함 밖으로 뛰쳐나왔으니, 조금씩 천천히 나의 감성과 믿음을 회복시켜 나가야 할 것 같다. 물론, 일단 술 한 잔 하면서.

My way

여행을 시작하기 전에 진이와 함께 인사동에 있는 〈전통주 갤러리〉라는 곳에 간 적이 있다. 농림축산식품부와 문화체육관광부가 협업하여 운영 중인 이곳에서는 전통주와 관련한 다양한 행사와 시음 등을 진행한다. 우리 술에 관심이 있는 사람이라면 한 번쯤 들러봄 직한 곳이다. 당시 우리가 그곳을 찾았을 때는 전통주

시음 행사를 하고 있었는데, 그때 나는 처음으로 태인 양조장의 죽력고라는 술을 만났다. 뭐라고 설명해야 할까······. 왜 정말 맛있는 걸 먹었을 때 욕이 나오는 그 느낌? '아이씨, 이걸 왜 이제야 마셔본 거지 나란 인간은?' 뭐 이런 분노 비슷한 감정을 느껴졌었던 걸로 기억한다. 함께 맛을 본 진이는 옆에서 계속 킁킁거리며 내게 말했었다. "별아 이렇게 코로 흥흥 해 봐. 흥흥! 흐으응~ 흐응~ 대나무 향기가 나. 워우, 장난 아니야. 막 코가 뻥 뚫리는 거 같아! 산림욕 하는 것 같아!"

그러니 술 여행을 가기로 마음먹고 여행 계획을 짤 때 우리 둘이 가장 먼저 태인 양조장을 여행지 목록에 적은 것은 당연한 일. 게다가 태인 양조장에 가면 독특한 맛 덕분에 두터운 매니아층을 지니고 있는 송명섭 막걸리까지 함께 만나 볼 수 있다고 하니 더욱 기대가 되었다. (송명섭 막걸리는 단맛이 거의 느껴지지 않아서 혹자는 '막걸리계의 아메리카노'라고 부르기도 한다.) 멋쟁이 동네 주민 덕분에 한 번 헤매지도 않고 단박에 찾아온 태인 양조장은 겉으로 보기에는 그저 마당에 항아리가 조금 심하다 싶을 정도로 많은 가정집같이 보였다. 이 평범한 곳에서 조선시대 3대 명주 중 하나인 죽력고를 빚어낸다고 생각하니 더욱 그 술을 빚는 사람이 대단하다 여겨졌다. 아쉽게도 내가 태인 양조장을 방문한 날이 송명섭 막걸리 출고 날이라 송명섭 명인이 자리를 비우셔서 직접 만나 뵙지는 못했지만 다행히 송명섭 명인의 따님이 집에 계셔서 간단히 차 한 잔을 마시며 이곳의 술들이 만들어지는 과정을 들을 수 있었다.

　쉽지는 않을 거다 생각했지만 술이 빚어지는 과정은 상상한 것보다
훨씬 더 많은 정성과 오랜 시간을 필요로 했다. 아, 그건 정말이지 보
통 일도 아닐뿐더러, 누가 억지로 시켜서는 절대 할 수 없는 일이었다.
죽력고에서 가장 중요한 것은 '죽력'을 만드는 일인데 이 '죽력'이란 푸
른 대나무를 쪼개 옹기에 담은 뒤 사흘에서 닷새 정도 은근하고 꾸준
히 열을 가해야 얻을 수 있는 일종의 대나무 진액이다. 죽력을 만든 다
음에는 솔잎, 창포, 생강을 포함한 몇 가지 약재에 죽력이 잘 스며들도
록 따로 재어둔다. 그리고 쌀과 누룩으로 20일 정도의 시간을 들여 정
성껏 빚은 청주 위에 준비해둔 죽력과 약재를 올린다. 그 상태에서 청
주를 끓이면, 술이 증기가 되어 위에 있던 죽력과 약재를 치고 올라갔
다가 냉각되면서 약재와 죽력의 맛과 향을 모두 머금은 증류주가 된

다. 그렇게 여섯 시간 동안 한 방울, 한 방울 얻은 술을 병에 담으면 그제야 한 병의 죽력고를 손에 쥘 수 있는 것이다. 이런 술을 혼자서 꿋꿋하게 만들어내고 있는 송명섭 명인, 정말 대단하다고 말할 수밖에 없다.

태인 양조장에서 돌아오는 길, 나는 얼마 전에 한 TV 프로그램에서 일리네어 레코즈의 대표이자 래퍼인 도끼가 한 말을 떠올렸다.

"음악을 시작할 때 100명이면 100명 다 그만하라고 했었어요. 절대 네가 먹고 살 수는 없을 거다. 그런데 저는 그런 말들을 안 믿었어요. 그 말을 했던 사람들은 다 사라졌는데, 저는 이렇게 남아 있거든요. 그 뜻은 적어도 제가 틀리진 않았다는 거니까. 모두의 편견과 걱정을 꺾고 이뤄낸 성공이기 때문에 그만큼 더 떳떳하게 이야기할 수 있는 거고. 이뤄낼 수 있다는 믿음만 있다면 모두가 할 수 있다는 걸 알아 주셨으면 좋겠어요.”

어쩌면 자신의 길을 찾기 위해 반드시 넘어야 할 유일한 산은 나의 부족함도, 환경의 열악함도 아닌 ‘주변의 만류’일지도 모른다. 그리고 그 ‘주변의 만류’에 흔들리지 않는 것. 다른 사람들의 부정적인 말들을 하나도 안 믿을 수 있는 것은 오직 자기 스스로에 대한 굳은 믿음이 있을 때만 가능할 것이다. 송명섭 명인도 긴 시간 술을 빚어오면서 분명 그런 것들을 마주하고 또 이겨내셨을 거라 생각한다. 결국에는 모두가 안 된다고 할 때, 포기하느냐 아니냐에 따라 길을 찾는 사람과 그렇지 못하는 사람이 나뉘는 것은 아닐까?

전주

그래,
나 취했는지도 몰라

銘酒
梨薑酒 이
강
주

전주에서의 마지막 밤은 이강주와 함께 했다. 이강주를 마시기 전까지 내게 소주는 '독한 술'이라는 편견이 있었는데, 이 술을 한 모금 맛보고 나서는 그런 생각이 영영 사라져버렸다. '아니 무슨 25도나 되는 소주에서 배 맛 쭈쭈바가 느껴지지? 꿀맛도 나! 수정과 맛도 나! 이거 완전 짱이네!' 내 입맛을 사로잡은 이강주는 앞서 정읍에서 만났던 죽력고, 평양의 감홍로와 함께 조선시대를 대표하는 3대 명주에 속한다. 한 지역에서 3대 명주 중 두 가지를 맛볼 수 있다니, 전주에 오길 정말 잘했다는 생각이 들었다. 술을 잘 못하는 진이에게도 이강주는 그 향긋함 덕분에 합격! 홀짝 홀짝 감탄하며 마시다 정신을 차리고 보니 어느새 둘이서 한 병을 모두 비워버리고 말았다.

그렇게 취기가 후끈하게 올라오자 나와 진이는 그동안 서로에게 하지 않았던 이야기들을 조금씩 하기 시작했다. 고등학교 때부터 매일 연락을 하지 않으면 서로가 허전함을 느낄 정도로 붙어 다녔던 우리인데도 아직 서로에 대해 모르는 것이 많았다는 사실은 정신이 혼미한 외중에도 나를 놀라게 했다. 나이가 들수록 그렇게 되는 것 같다. 누구에도 말하기 힘든 비밀이 하나 둘씩 늘어나게 되고, 자신의 못난 모습을 솔직하게 털어놓을 수 있는 사람은 반대로 하염없이 줄어들어 우리는 점점 더 외로워진다. 그래서. 그런 외로운 사람들을 위해서. 술은 꽁꽁 숨겨 놓은 비밀의 문과 곁에 있는 사람을 향한 문까지 열어주는 열쇠가 되어준다.

취중진담이란 말이 나를 보고 만든 말이 아닐까 싶을 정도로 술만 마시면 뇌와 입에 뚫린 고속도로를 진실의 종을 울려대며 질주하는 나와 달리 진이는 평소에도, 술에 취해서도 자신의 속마음을 잘 꺼내 보이지 않는 성격이다. 그런 진이가 내게 그동안은 하지 않았던 이런 저런 이야기들을 해주었기 때문에 나는 새삼 텅 빈 이강주 병이 감사하고 기특하게 느껴졌다.

'헤헷, 고맙다 이강주. 덕분에 진이랑 더 가까워진 기분이야.'

술에 취해서도 거짓말을 하는 사람이 세상에 있을지 모르겠지만 적어도 내가 아는 한 술은 마시는 사람의 긴장을 풀어주고, 단단히 굳은 마음도 부드럽게 해주는 효과가 있다. 독일의 철학자 칸트도 '술은 입 속을 경쾌하게 한다. 그리고 술은 다시 마음속을 터놓게 한다. 이렇게 해서 술은 하나의 도덕적 성질 즉, 마음의 솔직함을 운반하는 물질이 된다'라고 말했다고 하니 혹시나 누군가와 마음을 터놓고 이야기 해보고 싶은 사람이 있다면 이강주를 강력히 추천한다. 과음을 해도 부담이 없기로 유명한 이강주이기는 하지만, 혹시 숙취가 있어도 걱정을 마시라. 그런 당신을 위해 이 지구에는 콩나물 국밥과 모주가 있다.

막걸리 빚기

 쌀과 누룩, 그리고 물.

이 세가지가 만나 어떻게 막걸리가 될까요?

① 쌀 씻기 & 불리기

 준비한 쌀을 깨끗하게 씻어요.

이때 쌀알이 깨지지 않게 조심!

② 고두밥 짓기

 물을 충분히 뺀 쌀로 고두밥을 지어요.

    ※ 고두밥이란?

      고들고들하게 지은 된 밥으로 찜기로 쪄내 밥을 지어요.

③ 소독

 술을 담을 용기를 소독해요.

잡균이 들어갈 경우 술이 산패되 버리거든요.

용기뿐만 아니라 모든 기구는 알코올로 소독해요.

옹기의 경우 뒤집어서 증기로 소독하고 말혀주세요.

④ 식히기

잘 지은 고두밥을 식혀주세요.

④ 혼화

고두밥 ⊕ 누룩

누룩과 고두밥을 꼼꼼히 섞고

⑤

미리 소독하여 준비한 옹기에 담으면 끝 ♡

맑갛게 피어나는

투명한 향기

개도 주조장

만드는 술	개도 막걸리
지번 주소	전라남도 여수시 화정면 개도리 682
전화 번호	061-666-8607

〈개도 주조장〉이 있는 개도는 소박한 아름다움이 있는 섬이다. 그래서일까, 개도 주조장의 술과 사람들은 꾸임 없이 담백한 개도를 꼭 닮았다. 이곳에서만큼은 전통주 기행이나 공장 견학이 아닌, 오랜 시간 정성으로 맛 좋은 막걸리를 빚어내는 분들을 찾아 뵙고 인사를 나눈다는 생각으로 다가가 보는 게 어떨까? 당신의 발걸음은 환한 미소와 따스한 마음으로 깊이 환영받을 것이다.

▶ 개도 들어가는 법
〈여수연안여객선터미널〉에서 하루 세 번 배가 뜬다. 바다의 사정으로 결항되는 경우가 있으니 개도가는 배, 한려페리호를 운항하는 ㈜신아해운(061-665-0011)에 미리 전화를 해 보자.

하계	동계	비고
6:10	6:10	하계 : 4월 15일 ~ 9월 14일
09:50	09:50	동계 : 9월 15일 ~ 4월 14일
14:50	14:20	

여수

뭘 해도
괜찮을 나이

밤 9시. 그 유명한 여수 밤바다를 보려고 숙소를 나설 채비를 하고 있는데, 오지랖 넓은 숙소 사장님이 혼자 여행을 온 대학생인데 별로 할 일도 없는 것 같으니 함께 가는 것이 어떠냐며 한 남자를 가리켰다. 사장님의 손끝을 타고 고개를 돌리니 작은 체구에 귀여운 얼굴을 한 남학생이 무척이나 수줍은 얼굴을 하고 서 있었다. 아무래도 사장님의 갑작스러운 동행 제안에 무척이나 당황한 듯한 눈치였다. '그래, 여기까지 와서 30대 누나들이랑 같이 놀러 나가게 될 줄은 몰랐겠지.' 흔들리는 그의 동공에서 사전에 합의된 내용은 확실히 아니라는 것을 알 수 있었다. 혼자 가나 여럿이 가나 여수 밤바다는 여수 밤바다이고, 예정에 없

던 동행의 출현이야말로 놓칠 수 없는 여행의 묘미 중 하나이기 때문에 나는 환영이었다.

"저희는 돌산대교 보고 해양 공원에 앉아서 막걸리 한 잔 하려고 해요. 심심하고 특별히 할 일 없으면 같이 가요. 괜찮아요. 해치지 않아요."

"아…… 할 일이 없기는 한데. 어……."

"아 혹시 갈 생각 없으면 그것도 괜찮아요. 부담 갖지 말고 하고 싶은 대로 해요."

"아, 어……."

그는 무슨 마음인지 쉬이 대답을 하지 못하고 머뭇거렸다. 나는 아무래도 그냥 방에서 누워 자고 싶은데 싫다는 말을 못 하는 성격이라 곤혹스러운가 보다 싶어 더 이상 권하지 않고 웃으며 돌아섰다.

잠시 후, 나와 진이가 카메라와 마실 술을 챙겨 숙소를 나서려는데 아까 그 남학생이 쭈뼛거리며 다가와 말을 걸었다.

"저, 저 정말 같이 가도 되요?"

어머나 세상에, 이 아이 그냥 부끄럼쟁이였구나.

"그럼요! 정말 같이 가도 되고말고요!"

그렇게 부끄럼쟁이의 용기 덕분에 우리는 함께 택시를 타고 돌산대교로 향했다. 가는 중에 차 안에서 이야기를 들어 보니 그는 지금 대학을 휴학하고 혼자 여행 중인데, 대학원을 가야 할지 말아야 할지 고민이라고 했다. 그 말이 떨어지기 무섭게 나는 그에게 말 했다.

"아우~ 뭘 걱정해요. 가면 되지 대학원! 그 나이엔 뭘 해도 괜찮아요."

그런 나를 진이가 거들었다.

"그럼 그럼, 지금 수능 다시 봐서 또 대학가도 괜찮은 나이지."

다시 내가 말 했다.

"그렇지 그래, 어릴 때는 뭘 해도 다 괜찮다니까!"

그렇게 신나게 말 해 놓고 나니 뭔가 이상했다.

'내가 지금 무슨 소리를 한 거지? 뭘 해도 괜찮은 나이라니 그게 무슨 나이인가. 그럼 내 나이는?'

당시 내 눈에 그는 뭐든지 할 수 있는, 혹시나 망하더라도 툭툭 털고 다시 일어설 수 있는 젊음이라는 슈퍼 파워가 있는 '가진 자'로 보였다. 그럼 나는? 나는 사회생활에 찌들고 지쳐 사표까지 낸 늙고 가망 없는 서른의 아줌마. 그러나 따지고 보면 그와 나는 기껏해야 대여섯 살 차이가 날 뿐이다. 겨우 그 정도 차이로 누구는 뭘 해도 괜찮고, 누구는 괜찮지 않을 리가 없지 않은가. 그러니 이건 내 정신의 어딘가가 살짝 고장 났다는 증거다. 어쩌면 나는 나도 모르게 스스로를 나이 들어 버린 사람으로 규정하고, 내가 새로운 시작을 할 수 있는 사람이라는 생각을 부정해 왔던 것인지도 모른다. 그 때문에 지금 용기 있게 퇴사를 하고 나서도 끊임없이 불안에 시달리는 지도 모른다. 고작 서른에 말이다!

사실은 서른도 뭘 해도 괜찮은 나이다. 마흔도 그렇다. 쉰도, 예순도 그렇다. 괜찮지 않을 이유가 뭔가. 자신이 하는 일에 확신이 있다면 나이는 아무 상관이 없다. 나는 그날 돌산대교로 가는 택시 안에서 나중에 내가 나이를 아주 많이 먹어 새로운 시작을 하고 싶은데 왠지 모르게 불안하고 고민이 될 때 지금 이 순간을 반드시 기억해야겠다고 생각했다. 나이도 많고, 보살펴야 할 가족도 있고, 책임져야 할 것들도 많다는 핑계 뒤에 숨어 뭘 해도 안 괜찮은 사람이 되지 말아야지. 나이와 상관없이 괜찮은 사람은 뭘 해도 괜찮고, 안 괜찮은 사람은 뭘 해도 안 괜찮을 테니까. 나는 언제나 괜찮은 사람이 되어야겠다.

사실은 서른도 뭘해도 괜찮은 나이다.

마흔도 그렇다.

쉰도, 예순도 그렇다.

한 끗 차이

당연한 이야기겠지만, 술잔에 입만 대도 눈이 번쩍 뜨이며 옆 사람과 손에 손 잡고 벽을 넘어서 우리 사는 세상 더욱 살기 좋도록 만들고 싶어지는 술이 많은 만큼, 한 모금 마시는 순간 이걸 마시자고 한 인간의 멱살을 쥐어 잡고 "대체 내게 왜 이래? 당신 뭐야? 뭔데 날 이렇게 힘들 게 해? 아아악 소중한 내 혀~ 내 식도~ 내 오장육부우욱 ~" 하며 오열하게 만드는 술도 많다. 진짜 한 잔도 다 비우기 힘들 정도로 맛없는 술을 만나면 '뭐지 이거?' 싶은 마음에 병을 돌려 성분을 살펴보는데, 그렇다고 뭐 특별히 거기 똥이 야무지게 들어 있거나 그렇지도 않다. 그렇다면 왜! 왜! 왜! 뭐 별 거 없는데 이렇게 술 맛에 차이가 나는 거냐! 여수 밤바다에 앉아 맛이 없어도 너무 없는 동동주 한 병을 부여잡고 괴로워하는 내게 진이가 툭 던지듯 말했다.

"야, 원래 똥 냄새랑 고소한 냄새는 한 끗 차이라고 했어."

"으아악~ 뭐야 갑자기 웬 개똥같은 소리야 그게."

"뭐 특별한 거 없다는 소리지. 아주 작은 차이로도 충분하다 이거
야."

"어, 어…… 어?"

"살짝 삐끗하면 된장도 똥 되는 거고, 조금만 바뀌어도 똥이 된장
될 수 있는 거고. 잘 생각해 봐. 똥 냄새에 안에 그 미세한 고소함, 잘
익은 된장의 구수함 속에 내포된 똥 냄새를. 술 맛도 그런 거 아니겠
어? 발효시킬 때 온도나 습도에 아주 작은 문제가 생겨도 맛이 확 없
어지고, 누룩이 어쩌다 잘 만들어지면 또 맛이 기똥차게 좋아지고."

"너 완전 지금 어디 인도 갠지스강 앞에 주황색 터번 쓰고 앉아 있
는 구루같아. 근데, 이제 무슨 말인지 알겠다. 그래 그래 그러네."

"응응. 사는 것도 다 그렇잖냐. 뭐 엄청나게 큰 차이가 있나. 다 한
끗 차이지. 그래서 더 어려운 거고."

진이의 난데없는 햐…… 향기 이론(?)에 웃으며 농담을 하기는 했
지만 잘 생각해 보면 그 말 속에는 엄청난 통찰력이 들어 있다. '한 끗
차이'라는 말이 '미세한 차이' 또는 '근소한 차이'라는 뜻을 지니고 있는
것을 생각하면, '똥 냄새랑 고소한 냄새는 한 끗 차이'라는 말은 단순히
두 냄새의 유사성을 표현한 말이 아니라 내 인생이 똥이 되느냐 된장
이 되느냐가 아주 사소한 것에서 결정될 수 있다는 의미로 해석할 수

있다. 그리고 그 둘의 경계가 매우 희미하기 때문에 헷갈리지 않도록 정신을 바짝 차리고 살라는 뜻으로도 생각할 수 있겠다.

실제로 살다 보면 마주치는 수많은 똥된장과 된장똥을 떠올려 보면 더욱 이해하기가 쉽다. 기회를 가장한 위기, 친절의 가면을 쓴 위선 또는 고난 뒤에 숨겨진 지혜, 고통 속에서 빛나는 사랑 같은 것 말이다. 전혀 다른 것 같지만 알고 보면 한 끗 차이인 것들은 알고 보면 참 흔하다. 그것들을 정확히 구별해내려 노력하면서 아무리 미세하고 근소한 것이라도 허투루 대하지 않고 살다 보면 언젠가는 내 삶에서 소올솔~ 고소한 향기가 날지도 모르겠다.

여수

삶의 약도

여수에 온 목적 중 하나는 바로 '개도'라는 섬에 가는 것이었다. 여수시 교동에 위치한 여수여객선터미널에서 배를 타고 한 시간 정도 가면 만날 수 있는 이 섬은 특유의 달콤함과 청량감 덕분에 많은 이들의 사랑을 받는 개도 막걸리를 맛볼 수 있는 곳으로 유명하다. 개도 들어가는 배는 오전 6시 10분, 9시 50분, 그리고 오후 2시 50분 이렇게 하루 세 번뿐인데 우리의 목표는 첫 배를 타는 것! 그 이유는 첫 배를 타고 섬에 들어가야 새벽 3시부터 작업을 시작하는 개도 주조장의 풍경을 잠깐이라도 구경할 수 있기 때문이었다.

개도에 가기로 한 날, 새벽 5시 반에 침대를 박차고 일어나 제대로 뜨지도 못한 눈으로 여객선으로 달려간 우리는 다행히 첫 배를 타는

데 성공했다. 배에 타자마자 뜨끈하게 난방이 되는 배의 여객실에 목침을 베고 드러누워 한 숨 푹 자고 일어나니 눈 깜짝할 사이에 개도에 도착해 있었다. 개도가 돌산도, 금오도에서 이어 여수에서 세 번째로 큰 섬이라고 해서 선착장이 제법 북적거리려나 했는데, 이른 아침이기 때문인지 섬에 내리는 사람도 다시 배에 오르는 사람도 손으로 셀 수 있을 정도로 적었다. 섬 입구에 있는 커다란 안내 지도를 살펴보니 왼 편에 바다를 두고 길을 따라 그대로 계속 걸으면 언젠가 오른쪽에 개도 주조장이 나오는 것 같았다.

지도에 나와 있는 대로 방향을 잡고 걷기 시작해서 한참이 지났는데 차 한 대, 사람 한 명 보이지 않았다. 대신 섬을 품고 있는 깊은 바다의 잔잔한 표면이, 싱그러운 빛깔의 초원에서 자유롭게 풀을 뜯는 소들이 소리 없이 강한 존재감으로 섬을 가득 채우고 있었다. 그래서일까, 내 가슴에 남은 개도의 이미지는 고요함, 그야말로 거대한 고요의 섬이었다. 그런 섬의 풍경을 바라보며 걷고 있자니 저절로 눈에 힘이 풀리고 더불어 머리까지 맑아지는 기분이었다. 시야를 가로막는 것 없이 깨끗하게 텅 빈 공간이 주는 평화로움을 언제 느꼈었는지, 아니 느껴 본 적이나 있었는지 기억조차 할 수 없었다. 그러나 간만에 주어진 평화로움을 즐기는 것도 잠시. 계속 걷고걷고 또 걸어도 주조장으로 보이는 건물이 나오지 않으니 나는 슬슬 불안해지기 시작했다. 이 길이 맞나, 이쪽이 맞나, 전화해서 여쭤볼까 별의별 생각을 다 하고 있자니 좀 전의 고요함과 평화로움이 모두 사라져버리고 머릿속이 와글와글 시끄러워지기 시작했다.

그때 문득, 언젠가 보았던 일본 영화의 한 장면이 떠올랐다. 〈안경〉이라는 제목의 그 영화에는 휴대폰이 터지지 않는 곳에 머물고 싶어 외딴 섬의 한 민박집으로 여행을 온 한 여자가 나온다. 그러나 정작, 정말로 아무것도 없는 곳에서 사색이나 하는 그곳 사람들의 느릿한 생활에 그녀는 아무래도 적응을 할 수 없었다. 그래서 그녀는 급기야 다른 곳으로 숙소를 옮기려는 시도를 한다. 그런 그녀에게 민박집 주인 아저씨가 건넨 다른 숙소로 가는 길을 설명하는 약도에는 이렇게 친절한 설명이 쓰여 있다.

"왠지 불안해지는 지점에서 2분 정도 더 참고 가면 거기서 오른쪽입니다."

이보다 정확한 설명이 또 있을까? 그래 맞다. 버젓이 나 있는 큰 길이 있고, 방금 전에 보아 둔 확실한 지도도 있는데 왜 나는 못 참고 불안해한 걸까. 언제나처럼 이 조급함이 문제다. 처음 가는 길은 누구에게나 불안하지만 불안을 이겨내고 계속 가는 사람에게만 새로운 길이 열린다. 나는 영화 속 문구를 떠올리며 불안을 떨쳐내려고 애를 쓰며 걸었다. 그제야 다시 개도의 아름다운 풍광이 눈에 들어오기 시작했다. 높이 솟은 산봉우리를 보며 개도의 천제산과 봉화산이 개의 두 귀가 쫑긋하게 서 있는 것처럼 보여 이곳이 '개섬'이라 불리었다고 어디선가 읽었던 게 생각나 '으유 귀여워~ 섬 전체가 멍멍이 얼굴이야?' 하며 쿡쿡거리기도 하고, 그때 마침 지나가는 동네 개를 보며 '아이고 개섬이 맞기는 맞네!' 하며 깔깔거리기도 했다. 그렇게 여유롭게 길을

걷다 보니 어느 순간 눈앞에 '개도 주조장'이라는 반가운 팻말이 나타
났다.

삶에서 길을 잃지 않을 수 있는 비법은 멀리 있는 게 아닐지도 모른
다. 슬슬 불안해지는 지점에서 조금만 더 참고 가면 찾고 있던 것을 만
나게 될 수 있지 않을까. 가능하면 그냥 참기보다 조금쯤 즐기면서 말
이다.

더 넓은 사람

　빨리 온다고 왔는데, 개도 주조장에 도착하니 시계
는 어느새 7시를 가리키고 있었다. 이미 작업은 모두 끝났
고, 병에 담긴 막걸리는 우리가 타고 온 배를 타고 여수로 이미 떠나버
린 뒤였다. 주조장 식구들은 아침 식사 준비를 하고 계셨다. 조금 아쉽
기는 했지만 어쩌면 한창 일하고 계실 때 와서 불편하게 해드리는 것
보다 지금 이렇게 때맞춰 온 것이 더 잘된 일인지도 모른다는 생각으
로 스스로를 애써 위로했다.

　꼬질꼬질한 모습이 송구스러워 수줍음을 가득 안고 주조장에 들어
서니 늘씬한 미녀 분 한 분이 화사하게 웃으며 반갑게 맞아주셨다. 우
리가 이곳에 오기 전부터 인스타그램으로 다른 곳을 여행하는 모습을
재미있게 보았다고 말씀해주셔서 한 번 감사하고, 함께 아침 식사를

하자며 초대해주셔서 다시 한 번 감사했다. 염치 불구하고 집 안으로 들어가 온 식구와 함께 둘러 앉아 푸짐한 아침을 먹었다. 물론 개도 막 걸리와 함께. 시간이 일러 막걸리가 들어갈까 싶었지만 웬걸, 생각보 다 꿀떡꿀떡 시원하게 잘도 넘어갔다. 난생 처음으로 모닝 막걸리를 마시며 나는 생각했다.

나는 지금 새벽 7시에 개도에서 개도 막걸리를 마시고 있다.

이게 무슨 일이야?

정말이지 그랬다. 내가 있는 장소와 하고 있는 일이 갑자기 엄청나 게 낯설게 느껴졌다. 그도 그럴 것이 대학을 입학했을 때를 음주 인생 의 시작으로 치면(그냥 그렇다고 치자) 적어도 10년 동안 나름 술을 즐기 며 살았다고 생각했는데, 가만히 돌아보니 그동안 마신 것의 팔 할은 그저 소주, 맥주 또는 소맥이었던 것 같다. 술을 맛으로 마시기보다 분위기로 마셨고, 그저 식당에 있는 몇 가지 안 되는 술 중에 '아무 거나' 시켜서 마시는 일이 부지기수였다. 그러니 우리 술은 말 다 했지 뭐. 전통 소주나 약주는 마셔본 적도 없고, 막걸리도 머리가 아프다는 편견 때문에 즐겨 마시지 않았다. 가끔 막걸리를 마실 일이 있으면 당연히 장수 막걸리. 그것 말고 다른 게 있는 줄도 몰랐고, 관심도 없었다. 그랬던 내가 지금 개도 막걸리를 마시겠다고 새벽 5시에 일어나 배를 타고 개도에 들어와 아침 7시에 장어탕을 곁들인 모닝 막걸리를 마시고 앉아 있으니 진짜 이게 무슨 일이냐? 참으로 어마어마한 변화다.

개도 막걸리를 마시면서 나는 새롭게 만난 세상에 놀랍고 즐겁기도 하면서 어찌하여 여태껏 이걸 모르고 살았는지 다시 한 번 통탄하기도 했다. 동시에 대체 내가 모르는 세상이 또 얼마나 될까 하는 생각에 스스로가 하찮게 여겨지기도 했다. 막걸리 한 잔에 뭐 이런 생각까지 하나 싶겠지만 진짜로 그랬다. 나름 자주 접했고, 항상 생활 속에 가까이 있었다고 생각했던 것에 대해 내가 알고 있었던 게 사실은 빙산의 일각에 떨어진 먼지 한 톨도 안 되었다는 깨달음은 실로 커다란 충격

이었다. 아직 어리니까, 내가 아는 세상은 아마 아직은 좁겠거니 어느 정도 예상은 했지만, 어쩌면 내 예상보다 나의 세상은 더 좁을지도 모른다는 생각이 들었다.

나는 늘 살아가면서 점점 높아지는 사람보다는 넓어지는 사람이 되고 싶었다. 더 많은 것을 경험하고, 더 많은 곳에 가서 더 많은 사람들을 만나보고 싶었다. 서른에 처음으로 알게 된 '우리 술'은 그래서 내게 특별하다. 나는 덕분에 술의 맛과 향을 즐길 수 있게 되었고, 술이 나는 곳을 여행하며, 술을 빚고 마시는 많은 사람들을 만나 이야기를 나눌 수 있었다. 내 좁디좁은 세상이 한 뼘 정도는 넓어진 것이다. 자, 그러니 이제 충격과 공포는 접어두고 이제라도 우리 술과 만나게 되어 정말 다행이라고 생각하며 마저 한 잔 해야겠다.

어라, 어느새 혀끝에서부터 개도의 넓은 바다가 펼쳐진다.

모든 게 똑같다고 해도

여행 내내 진이와 나는 24시간 내내 붙어 다니며 똑같은 것을 먹고, 똑같은 것을 마셨다. 그래서 같은 시간에 화장실이 급했고, 같은 시간에 잠이 쏟아졌다. 심지어 '아, 지금 뭐 먹고 싶어!'하는 마음까지 통해버려서 같은 순간에 같은 음식이 당겼다. 성인이 되고 나서 누군가와 이렇게 오랜 시간을 함께 보낸 적이 없던 터라 우리는 그런 서로의 모습이 재미있고 신기해 몇 번이나 배를 잡고 웃었다.

"야, 근데 우리 너무 그렇지 않냐?"

"뭐가?"

"같이 먹고 같이 싸고 이러니까……. 짐승 같아. 그저 본능에 충실한 한 마리의 짐승."

"푸하하! 그러게! 우리는 그저 호르몬의 노예이자 음식을 연료로 삼는 살덩어리일 뿐이닷!"

"야아~ 그렇게 말하지 마. 기분 이상해."

"크큭 그러냐? 근데 아니야. 물론 우리가 지금 힘겹게 끌고 다니는 이 몸뚱이는 기본적으로 동물이 맞지만 그렇다고 너랑 네가 그냥 짐승은 아니지!"

"그래 네 말이 맞다. 우리가 피와 살, 그리고 뼈로 만들어진 똑같은 인간이지만, 그래서 누구나 먹고 마시고 싸고 자야만 살아갈 수 있지만, 그렇다고 그게 전부는 아니지. 아마 네 똥이랑 내 똥도 자세히 보면 다르⋯⋯."

"그만, 하지 마. 더 말하지 마."

"어."

아이고, 그러고 보니 정말 그렇지 않나. 우리는 모두가 우연히 인간으로 태어나 지금 여기에서 한 번뿐인 생을 살아가고 있다. 육체를 구성하고 있는 기본 요소도 같다. 여기까지는 모두가 똑같다. 그런데 그다음, 그러니까 타고나거나 살면서 갖게 된 외적인 특징과 무수히 많은 삶의 환경에 의해 형성된 내적인 특성 때문에 인간은 유일해진다. 한 부모 아래서 함께 자란 형제들이 제 각각이고, 쌍둥이가 얼굴만 같

지 성격은 영 딴 판인 이유는 모든 인간이 유일하기 때문인 것이다. 당연한 소리를 왜 하고 있냐고? 내가 그 동안 이 당연한 소리를 잊고 지낸 것 같아서다.

다들 그러던데. 다들 그렇게 사는데. 왜 너는. 왜 너만.

그동안 나는 내가 아닌 다른 사람들이 던지는 이 말들에 갇혀서 나만의 삶의 방식을 찾지 못했던 것 같다. 그러나 이제는 왜 너만 자꾸 튀냐고 묻는 사람들에게 내가 그 '다들'이 아니기 때문이라고 말할 수 있을 것 같다. 나는 유일하기 때문에 당신을 비롯해 다른 사람들이 사는 것처럼 똑같이 살 수가 없다고 말이다. 이런 나를 기특해하는 사람도 있고, 한심해하는 사람도 있다. 동경하는 사람도 있고, 동정하는 사람도 있다. 자연스러운 일이다.

술, 특히 탁주가 만들어지고 익어가는 과정을 보면 술과 인간의 작은 공통점을 찾을 수 있다. 보통의 탁주는 쌀과 물, 그리고 누룩 이 세 가지 재료로 만들어진다. 그런데 다른 첨가물을 전혀 넣지 않고 똑같이 술을 빚어도 술의 맛은 모두 다르다. 저 간단한 세 가지 재료가 만들어내는 맛과 향의 변주는 끝이 없는 것이다. 술은 빚은 사람의 솜씨와 술을 빚고 익히는 환경에 따라 어떤 것은 조금 더 새콤하고, 어떤 것은 조금 더 묵직하다. 그리고 새콤한 술은 새콤한 맛을 좋아하는 사람에게 사랑받고, 묵직함을 즐기는 사람은 그 맛이 살아 있는 술을 반긴다. 모두가 싫어하는 술도 없고, 모든 사람의 사랑을 받는 술도 없다. 역시 자연스러운 일이다.

자연스럽게 살았으면 좋겠다. 하나뿐인 인간에게 주어진 단 하나씩의 삶을 유일하게 살아냈으면 좋겠다. 타인의 삶을 곁눈질하지도 말고, 남들처럼 살기 위해 바둥거리지도 말고.

사촌오빠가 생겼어요

여행을 하다 보면 낯선 이들의 친절을 만나는 순간
이 있다. 그리고 그런 순간은 여행자들을 자꾸만 다시 길로 나서게
하는 이유가 된다. 여수는 그런 의미에서 정말이지 매력적인 여행지
다. 여수에 도착하자마자 이런 저런 관광지 안내를 꼼꼼하게 해주셨
던 여수엑스포역의 역장님과 직원 분들, 길을 묻지 않아도 알아서 길
안내를 해주시던 시장 아주머니들, 그리고 다 기억할 수 없을 정도로
수많은 따스한 사람들 덕분에 진이와 나는 어리둥절한 표정으로 여수
를 여행하면서 '여기 사람들 왜 이렇게 친절해?', '뭐지? 다들 왜 이렇
게 잘해주시지?'라는 말을 참 많이도 했다.

그리고 그중 유독 기억에 오래 남는 사람이 있으니, 그분은 바로 여수의 한 택시 기사 아저씨다. 이른 아침 택시를 잡아탔던 나와 진이는 언제나처럼 기사님의 관심을 한 몸에 받았다.

"이쁜 아가씨들은 어디서 왔을랑가?"

"아 저희 서울에서 왔어요."

"친구끼리 여행 온 거구마잉~"

"네 저희 둘이 여행하면서 우리나라 전통주 마시고 있어요!"

"워메~ 젊은 아가씨 둘이서 술을 마시고 돌아다닌다고? 아따 재밌네잉~"

기사님께서 우리 이야기에 관심을 보이자 신이 난 나와 진이는 그대로 한참을 즐겁게 기사님과 대화를 나누었다. 그러다가 목적지에 도착해서 급히 인사를 하고 내리려는데, 아저씨가 우리를 불러 세우셨다.

"거시기 뭐냐, 내가 잘 아는 형님이 저기서 막걸리 병 만드는 공장을 해요. 거서 전국에 있는 막걸리 병이라는 병은 다 만들어. 그랑께여 내가 주는 전화번호로 전화해서 잘 이야기를 하면 아마 도움이 좀 될 거요. 혹시 누구냐고 물어보면 내 사촌동생이라고 해부러! 내가 그렇게 말해줄랑게~"

생전 처음 보는 사람, 고작 20분 정도 되는 시간을 함께 나눈 인연인데 어떻게든 나와 진이에게 도움이 되고자 신경을 써 준 기사님의 그 마음에 나는 감격했다. 기사님의 성함과, 막걸리 병을 만드는 공장의 공장장님 성함, 그리고 두 분의 연락처까지 모두 받아 손에 쥐고는

택시에서 내리는데 왠지 모를 든든함에 가슴이 절로 뿌듯했다. 나 여
수에 사촌오빠 생겼다! 하하하!

  비록 주머니도 없는 옷을 입고 하루 종일 쏘다니다가 어디서 흘린
줄도 모르게 연락처를 적어 둔 종이를 잃어버리고 말았지만……. 그
래서 결국 전국의 막걸리 병을 다 만든다는 공장장님과의 통화는 못
했지만……. 만약 통화를 했다고 해도, 여수를 여행하는 내내 내게 더
욱 큰 도움이 된 것은 공장장님의 막걸리 이야기보다 여수 사촌오빠
의 그 따뜻한 한마디였을 것이다.

  오빠, 연락처 잃어버려서 죄송해요.
  감사해요. 감사했어요.

여수

혼자만 알면
재미가 없어요

여수의 숙소에는 유독 어린 친구가 많았다. 대부분이
내일로 티켓*으로 전국을 여행하는 25세 이하 학생 또는 군인이었는
데 살짝 이야기를 나누어보니 20대 초반의 내가 그랬던 것처럼 우리
술에 대해 알고 있는 것이 거의 없고, 마셔본 술도 별로 없었다. ("전통
주요? 그거 뭐 우리 아빠나 할아버지가 마시는 술 아니에요?") 좋은 음식도 그
런 것처럼 좋은 술도 함께 마셔야 더 좋은 법. 나와 진이는 숙소 사장
님께 부탁해 원래 이곳에서 매일 밤 하는 맥주 파티를 막걸리 파티로
바꾸고 이곳 친구들과 함께 여수 막걸리와 동동주, 그리고 개도 막걸
리까지 다양한 술을 함께 마실 것을 제안했다. 마침 안주를 모두 직접
만들어주겠다는 요리왕 게스트까지 나서준 덕분에 술상은 더욱 풍성

해졌다.

"우와, 누나 이거 진짜 맛있네요!"

"막걸리도 맛이 이렇게 다른지 처음 알았어요!"

"저는 막걸리 별로 안 좋아하는데, 이건 맛있네요?"

"앗, 술 떨어졌다! 야, 누가 가서 조금 더 사 와라!"

막걸리는 아무래도 맥주보다 호불호가 있지 않을까 싶어 걱정했었는데, 다행히 막걸리에 대한 반응은 굉장히 좋았다. 나와 진은 여행을 하며 우리 술에 대해 알게 된 도토리만큼의 지식을 그들에게 전하며 알밤만큼 뿌듯해했다. 개도 막걸리가 인기가 좋아 더 사오고 싶었지만 전날 날씨가 좋지 않아 여수-개도 간 배가 결항되는 바람에 숙소 앞 슈퍼에도 술이 없었다. 섬에서 배를 타고 오는 술이라 바다가 허락을 해줘야 마실 수 있다고 생각하니 어쩐지 더욱 귀하게 느껴졌다. 귀

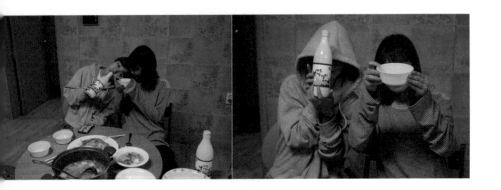

하게 마셔서 그런지, 귀한 인연과 함께라서 그런지 좌우지간 여수에서의 술 맛은 참 좋았다.

그렇게 밤이 깊어가고 모두가 웃고 떠드는 사이 체력이 저질인 나와 진은 가장 먼저 잠을 청하려고 침실로 돌아왔다. (나이 탓을 하고 싶지 않다. 아닐 거다. 아니야!) 얼마 만에 이렇게 와자하게 떠들며 놀았는지, 마치 대학 시절로 돌아가 엠티를 온 것 같은 기분에 침대에 누워서도 한동안은 가슴이 뛰었다. 내일은 더 신나게 놀아버리겠다 다짐을 하며 눈을 감고 잠을 청하는데 갑자기 진이가 말을 걸었다.

"별아, 있잖아. 나 지금 정말 기분이 좋아."

"음? 왜?"

"여행 전의 우리와 다를 바 없이 우리 술에 대한 생각이 없는 저 친구들에게 맛있는 막걸리도 알려주고 함께 마셨잖아. 내가 알고 있는 즐거움을 다른 누군가와 나누는 행복을 느낀 것 같아. 즐거움이라는 게 혼자만 즐기는 것보다 나누면 더 커진다는 말이 실감나고, 내가 그걸 나눌 수 있는 사람이 된 게 기뻐. 누군가가 전에는 몰랐던 사실을 나를 통해 새롭게 알게 되는 것도 기쁘고."

즐거움과 경험을 나눌 수 있는 사람. 그러니까 무언가 좋은 것을 나눌 수 있는 사람이라니. 생각하지 못했었는데 듣고 보니 정말 그렇다. 살아가면서 느낄 수 있는 즐거움의 종류는 셀 수 없이 많겠지만, 그중 다른 사람에게 내가 가진 것을 나누는 기쁨만큼 뜻 깊은 일도 없을 것이다. 나누는 것, 그 자체도 기쁨이지만 나눔이 주는 행복은 자신을 더 사랑할 수 있도록 하는 묘약이 되기도 하니 말이다.

사실 평소에 나는 '내가 뭐라고, 내가 아는 게 뭐 별 거라고 아는 체를 해. 에이 이 정도 이야기는 누구나 할 수 있는데……. 내가 나서서 하면 우습겠지?' 하는 생각을 많이 했다. 그래서 후배들에게 뭔가를 알려줘야 할 때나, 기회가 되어 사람들 앞에서 내 이야기를 해야 할 때면 항상 '나 따위가 뭐라고'로 시작하는 마음과 치열하게 싸워야 했다. 그런데 이번에 진이의 말을 듣고 마음을 고쳐먹었다. 나는 이제 어쩌면 내가 알고 있는 이 작은 지식이 누군가에게 충분히 신선한 놀라움이 될 수 있고, 내가 경험을 통해 깨달은 것들이 누군가의 생활에 활력을 주는 작은 계기가 되기도 한다는 것을 믿기로 했다.

진아,

그런 의미에서 내게 술에 취하지 않는 너만의 비법을 알려주겠니?

아니 아니. 안 마시는 거 말고, 신나게 퍼 마시고도 안 취하는 법은 몰라?

여수

내일의 내 일

　회사 일이 너무 힘들어서 게스트하우스 주인을 꿈꾼 적이 있다. (나만 그런 건지는 모르겠지만) 보통 회사를 다니다가 보면 갑자기 어떤 다른 직업에 꽂힐 때가 있다. 플로리스트들이 그렇게 돈을 많이 번다더라는 친구의 말을 듣고 갑자기 플로리스트가 되어 볼까 싶어 고속터미널 새벽 꽃 시장에 가서 어정거린다거나, 여자 직업으로는 약사가 최고라고 열변을 토하는 후배를 만나고 나서는 약학 전문 대학원 준비를 해볼까 하는 식이다. 그러니까 게스트하우스 주인도 내게는 그런 것 중 하나였다. 여행객들에게 내가 태어난 이 아름다운 도시를 소개하고, 함께 이야기도 나누면서 사는 삶이라니! 멋지지 않은가?

그래서 당시 나는 프랜차이즈 게스트하우스의 창업 설명회 자료도 찾아서 읽어 보고, 게스트하우스 운영 관련 책도 사서 읽었다. 읽다 보니 왠지 나라면 아주 잘할 수 있을 것 같아서 나중에는 본격적으로 회사에 휴가를 내고 게스트하우스에 직접 숙박을 하면서 나름의 준비(?)를 하기도 했다. 그곳에서 게스트하우스 주인들과 이야기도 나누고, 실제로 그들이 사업을 운영하는 모습을 지켜보면서 내 생각을 구체화했다. 그러다가 이 직업이 생각처럼 내 성향과 잘 맞는지 직접 실험을 해보려고 집에 있는 빈 방을 활용해 외국인 대상 민박을 작게나마 운영해보았다. 그런데 이게 웬걸, 숙박업은 만만한 일이 아니었다. 나의 꿈이자 첫 실험은 '게스트하우스 주인의 성격은 타고나는 것이다. 근데 나는 아니다'라는 결론을 남긴 채 깔끔하게 접었다.

그리고 지금 이렇게 우리 술 여행을 하며 게스트하우스에서 시간을

보내다 보니 그때 그 에피소드가 다시 생각났다. 바로 이곳 여수 게스트하우스의 사장님 때문이다. 이곳은 젊은 남자 사장님이 혼자 운영하고 있는데, 이분은 정말이지 세상에서 일을 제일 열심히 하는 사람이다. 그는 청소도 빨래도 조식 제공도 모두 혼자서 해내는 것은 물론이고, 24시간 시도 때도 없이 울리는 전화를 받는 것부터 매일 밤(무려 매일 밤!) 새벽까지 계속되는 맥주 파티 운영까지 다 해내느라 잠을 거의 못 자는 생활을 매일 반복하고 있었다. 그럼에도 불구하고 그에게는 항상 엄청난 싱글벙글 에너지가 넘쳤는데, 그가 이유 없이 매일 기분이 째지는 조증 환자가 아닌 이상 항상 기분이 좋았을 리 없으니 그 에너지는 투철한 서비스 정신과 자기 통제의 결과물임이 분명했다. 내게는 그 점이 무척이나 놀라웠다.

그리고 어느 날 밤, 나는 여수에 머무는 동안 가장 인상 깊은 그의

모습을 만날 수 있었다. 해가 지고 달이 뜨자 게스트들이 함께 사용하는 공용 거실에서는 어김없이 열 명이 넘는 사람들이 신나게 술을 마시며 웃고 떠들고 있었다. 그때 사장님이 갑자기 벌떡 일어나더니, 신기한 마술을 보여주겠다며 마술쇼를 하기 시작했다. 손목에 있던 시계를 감쪽같이 풀어 숨기고, 눈앞에 있던 카드를 순식간에 없애버리는 그의 현란한 손놀림과, 그보다 더 현란한 말솜씨 덕분에 정말 오래간만에 눈물이 쏙 빠지도록 웃었다.

사실 예전에 게스트하우스든 민박이든 숙박업을 하겠다는 꿈을 꾸었다가 접을 때 나는 '숙박업은 정말 힘들다'는 생각 때문에 누군가 그 일을 이렇게 재미지게 하고 있을 거라는 생각을 못 했다. 그런데 지금

눈앞에서 자신을 불사르며 (진짜 그렇게 보였다! 내 눈에 불꽃이 보였어!) 손님들에게 웃음을 주고 있는 한 남자를 보니 그냥 그 일이 내 일이 아니었던 것뿐이었구나, 하는 생각이 들었다. 그리고 누구에게나 자신에게 꼭 맞는 일이 있다는 희망과 확신이 들었다. 지금은 세상을 떠나신 법정 스님은 그의 책 『오두막

편지』에서 이런 말씀을 하셨다.

"직장에는 정년이 있지만 인생에는 정년이 없다. 흥미와 책임감을 지니고 활동하고 있는 한 그는 아직 현역이다. 인생에 정년이 있다면 탐구하고 창조하는 노력이 멈추는 바로 그때다. 그것은 죽음과 다름이 없다. 타율적으로 관리된 생활방식에 길들여지면 자율적으로 자신의 삶을 개선하고 심화시킬 그 능력마저 잃는다. 자기가 하는 일에 흥미와 의미를 느끼지 못하면 그는 하루하루 마모되어 가는 기계나 다름이 없다. 자기가 하는 일에 자신의 인생을 송두리째 걸고 인내와 열의와 정성을 다하는 사람만이 일의 기쁨을 누릴 수 있다."

일을 하다 보면 지금 하는 일에서 의미를 찾을 수 없는 순간이 오게 되는 것 같다. 그래서 그저 매일을 영혼 없이 지내다 보면 어느 순간 스스로를 기계 부품처럼 느끼게 된다. 여기서 정말 무서운 건 하루 대부분의 시간을 보내는 일터에서 즐거움을 찾지 못하면, 삶 전체가 흔들린다는 것이다. 그래서 법정 스님의 말처럼, 내가 본 게스트하우스 사장님처럼, 자신이 하는 일에서 기쁨을 찾는 것은 매우 중요하다. 그러려면 인생을 송두리째 걸고 정년 없이 인내와 열의와 정성을 퍼부을 수 있는 일을 찾는 것이 급선무겠지. 어떻게 찾느냐고? 나처럼 흥미가 가는 일을 조금씩, 간접적으로라도 깊이 있게 경험해보고 결정하는 것도 좋은 방법이 될 수 있는 것 같다.

좌우지간, 일단 게스트하우스 주인은 아웃! 다음엔 또 뭐가 있을까?

제주 샘주

만드는 술	오메기술, 고소리술, 새우리술
지번 주소	제주시 애월읍 상가리 1997-1
도로명 주소	제주시 애월읍 애원로 283
전화 번호	064-799-4225
홈페이지	http://www.jejusaemju.co.kr/

전통과 현대의 맛을 어우러진 맛의 가치를 소중히 생각하는 제주 애월의 〈제주샘주〉는 그 확고한 가치관만큼이나 또렷하고 개성 있는 술 맛을 자랑한다. 체험 프로그램으로는 오메기떡 체험, 쉰다리(제주의 발효 음료) 체험, 칵테일 프로그램을 운영하고 있고, 예약은 전화와 홈 페이지에서 가능하다. 특히 〈제주샘주〉의 술들은 총 11종의 다양한 세트 상품으로 구성되어 있어 제주 여행의 기념품으로도, 선물용으로 도 더없이 좋은 선택이 된다.

안 돼서 되는 날

"별아, 일어 나. 일어 나 봐. 일어나서 창밖을 좀 봐봐잉~ 에헤헤헤."

아침부터 진이가 낄낄거리며 창밖을 보라고 성화였다. 비몽사몽간에 속으로 '아 뭐야 왜 저래 저거. 제주에 오더니 너무 좋아서 미쳤나?' 생각하며 눈을 떴다. 머리맡에 있는 창문으로 바다가 보이는 게스트 하우스에 왔으니, 아마 그 풍경이 기막히게 아름다워 아침부터 흥분한 모양이겠거니, 나름 그 웃음의 이유를 짐작하며 고개를 돌린 순.간.

콰아아아아아 쏴아아아아아 돠돠돠돠두돠돠두돠 퀄퀄퀄퀄퀄퀄퀄 쿠아아악아아악아아악!!!!!!!! 두드려어어어!!!!!!!! 내가 창문을 두드린다아아악!!!!!!!!

창문을 사정없이 두드리는 폭우에 나는 한동안 할 말을 잃고, 정신도 잃었다.

'뭐야? 여기 어디야? 우리 숙소가 폭포 뒤에 있는 비밀의 마을에 있었나? 에헤헤?'

한참을 상황파악 못 하고 동공으로 삐삐진동춤(지누션이 춰서 유행했던 춤인데 아마 30대들은 알 거임)을 추고 있자니 진이가 흥얼거렸다.

"아메온나 아메온나~ 너는 아메온나라네~"

아메온나(雨女)는, 비를 부르는 일본 요괴인데, 비를 몰고 다니는 여자를 부르는 말이기도 하다(진이 전공이 일어일문학이라 알고 있던 사실!).
실제로 내가 어디 여행만 가면 정말 자주 그곳에 비가 온다. 그것도 아
주 많이. 호우주의보는 기본, 호우경보는 애교, 비행기는 몇 시간씩 연
착하고 행사는 취소된다.

'하하하. 하하하하! 그렇다. 나는 아메온나다. 그러니 비가 오는 것
은 당연하다. 와라, 비!'

상황을 받아들이니 별로 놀랄 일도 없었다. 전주에서도 그랬는데
뭐. 나는 재빨리 흔들리던 동공을 부여잡고 오늘의 여행 계획을 짰다.

"진아, 오늘은 이것도 하고 저것도 하고 막 다 하려고 했지만, 이 빗
속에서는 모두 무리야. 그러니 어쩌겠어. 바다가 보이는 통 유리 카페
에 가서 비 내리는 바다를 봐야지. 계속 봐야지. 그러니까 우리 오늘은
바다를 보자. 어때?"

"오 좋은데? 죽이는 계획이다! 그래 그러자!"

나는 애가 이래서 좋다.

아, 치즈가 먹고 싶다. 죽죽 거미줄처럼 늘어나는 치즈를 쭉
쭉 당기다 입가에 막 철썩철썩 붙이고 싶다. 치즈를 꼭꼭 씹어서 그 고
소함을 느끼며 눈을 파르르 떨고 싶다. 짭조름한 치즈를 입 안 가득 넣
은 뒤 꿀떡꿀떡 가차 없이 삼키고 싶다.

진이와 함께 네 시간 째 카페에 앉아 바다를 바라보고 있자니 서서

히 해가 지고 배가 고파지기 시작했다. 그리고 다른 무엇도 아닌 치즈로 배를 채우고 싶은 엄청난 욕구가 내 속에서 바글바글 끓었다. 나만 이런가 싶어 진이에게 말을 해보니 역시나. 그녀도 지금 치즈가 당겨서 미칠 지경이었다. 그 동안 한식 위주로 식사를 했더니 그런가 보다 생각하며 우리는 그 길로 치즈를 찾아 나섰다.

해변에 늘어선 식당을 하나씩 눈으로 훑으며 걷고 있자니, 갈치조림. 해물뚝배기. 옥돔구이. 갈치구이. 전복죽⋯⋯. 그러니까⋯⋯ 바다의, 바다에서 나온, 바다에서 살던, 바다의 먹을거리! 눈에 보이는 건 온통 그런 것들뿐이었다. 그렇게 한 20~30분 정도 헤매고 다녔더니 지치기 시작했다. 그래, 그냥 아무거나 먹어야겠다. 세상은 그렇게 호락호락한 게 아니다. 운전도 못 하는 뚜벅이 둘이 이 넓은 제주에서 치즈를 먹겠다는 꿈을 꾸다니 어림도 없지. 그렇게 슬슬 체념의 스텝을 밟고 있는데 갑자기 눈앞에 요상한 간판이 나타났다.

〈지금 즉석떡볶이가 땡긴다. – 이 골목 땡땡이 지붕 집으로 걸어오면 맛볼 수 있음.〉

그리고 나는 그 문구를 이렇게 받아들였다.

〈지금 즉석떡볶이 다 먹고 비벼주는 볶음밥 위에 뿌리는 치즈사리가 땡긴다!〉

그래 어쩌면 저곳에 치즈가 있을지도 모른다! 흥분한 나와 진이는 정신없이 간판이 걸려 있는 골목으로 달려갔고, 거침없이 땡땡이 지붕 집의 문을 열고 들어갔다. 입구에는 그곳의 주인으로 보이는 한 여인이 서 있고, 가게 안에서는 서너 개 정도 되어 보이는 테이블에서 손님들이 맛나게 무엇인가를 먹고 있었다. 다 모르겠고, 일단 치즈사리가 있는지부터 물어봐야겠다는 마음에 다급하게 입을 막 열려는 찰나, 그녀가 나보다 먼저 입을 열었다.

"죄송합니다. 재료가 다 떨어져서 오늘은 마감입니다."

아니야. 아니야. 아니야. 아니야. 아니야! 생각하지도 못한 상황에 나는 당혹스러운 마음을 숨길 수가 없었다. 이대로 그냥 그곳에서 나온다면 오늘 결국 치즈를 먹지 못할 거라는 데까지 생각이 미치자, 그를 알아챈 나의 오장육부가 무능력한 주인을 규탄하기 위한 집회를 시작했다.

'꾸러러럭. 꾸루루룩. 무능한 김별은 반성하라! 어서 치즈를 내 놓아라!'

'치즈 안 주면 오늘 밤 우유에 빠져 죽는 악몽을 꾸게 하겠다!'

'분노하라! 치즈가 아닌 것은 소화시키지 마라!'

하아, 사정이 이러니 나도 어쩔 수가 없었다. 내 몸뚱이를 만족시킬 책임과 의무가 내겐 있다. 나는 결연한 표정으로 떡볶이 여인에서 말했다.

"저기 그럼 혹시 근처에 치즈를 엄청 많이 먹을 수 있는 곳이 있나요? 지금 너무 먹고 싶어서 그래요. 도와주세요."

떡볶이 여인은 뭐 이런 애가 다 있나 하는 표정을 잠시 짓고서는 굉장히 가까운 거리에 화덕 피자를 만드는 곳이 있다고 들었는데, 본인도 직접 가보지는 않아 맛은 확실히 모르지만 분명 치즈는 먹을 수 있다며 길을 안내해 주었다.

아, 진짜. 대학에 합격했을 때도 이만큼 기쁘지는 않았던 것 같다.

떡볶이 여인은 나와 진을 불쌍히 여긴 신이 보내주신 천사인 것이 분명하다. 그녀가 알려준 길을 따라가니 과연 마법처럼 한 피자집이 나왔다. 그때 어두운 길 끝에 보이는 노란 불빛을 보고 미친 듯이 달려가는 우리 둘을 누군가 보았다면, 마녀의 과자집을 발견한 굶주린 헨젤과 그레텔이 제주에 나타났다고 생각했을지도 모르겠다. 건물이 어디로 사라질 리 없는데 어찌나 다급한지 피자집을 향한 발걸음의 속도가 조절되지 않았다. 마음 같아서는 팔을 한없이 늘려서 그 건물을 껴안고 뽀뽀라도 하고 싶은 심정이었다. 그곳에 도착해 테이블에 앉아서도 쉬이 흥분은 가라앉지 않았다. "왔도다! 왔느니! 왔습니다!" 흥분한 상태에서 사장님의 추천을 받아 득달같이 네 가지 치즈가 듬뿍 들어간 치즈 피자를 주문하고, 물을 한 모금 마시고 나니 그제야 마음의 평화와 안식이 찾아왔다.

피자는 훌륭했다. 내 생애 최고의 피자라고 말해도 손색이 없을 만큼 맛있었다. 한 입 베어 물 때마다 호들갑을 떠는 우리가 재미있었는지 어쨌는지 옆 테이블에 있던 분들이 몇 번인가 말을 건네셨다. 모두 제주에서 각자의 작업을 하는 예술가이거나 숙박업을 하는 분들이라고 하셨다. 그렇게 간단한 인사를 나누고는 다시 각자의 피자에 집중. 피자를 거의 다 먹어갈 즈음에는 옆 테이블에 있던 분들도 모두 자리를 뜨고, 피자집에는 나와 진이 둘만 남게 되었다. 음식도 깨끗하게 다 해치웠고 이제 우리도 슬슬 일어나야 하지 하고 있는데 사장님께서 와인잔을 들고 오셨다. 서비스라고 하셨다. 그리고 자연스럽게 우리는 테

이블에 함께 앉아 이런 저런 이야기를 나누었다. 정말 재미있고 재미있고 재미있어서 더 이상 바랄 것이 없는 저녁이었다. 그래서 시계를 안 봤다. 한참 신나게 놀다가 가게를 나와 숙소로 돌아가려 하니 버스가 끊겨 있었다.

아…… 어쩌지?

배가 너무 불러서 그런지, 와인을 마셔서 그런지, 원래 나라는 인간이 아무 생각이 없어서 그런지, 어쨌든 아무 생각이 나지 않았다. 진이도 그런 거 같았다(역시 내 친구!). 그래서 둘은 말없이 버스가 오지 않는 버스 정류장에 앉아 있었다. 얼마나 지났을까? 갑자기 귀여운 풍뎅이를 닮은 차가 한 대 우리 앞에 섰다. 빵빵, 경적을 울리고 창문이 내려가는데 그 너머로 낯 익는 얼굴이 보였다. 아까 옆 테이블에 있던 분이었다.

"뭐 해요?"

"아, 저희 버스가 끊겨서 어떻게 할까 생각하고 있었어요."

"숙소가 어딘데요?"

"애월이요."

"나도 그쪽으로 가니까 타요. 데려다 줄게요."

"네!"

나와 진이는 누가 먼저랄 것도 없이 그분의 말이 끝나기도 전에 대답을 하면서 동시에 차에 올라탔다. 그분은 사회학을 가르치는 교수라고 본인을 소개하셨는데 한참 이야기를 나누다 보니 과연 범상치 않으셨다. 그분께 우리 술에 대한 의견도 듣고, 여행에 대한 조언도 듣다 보니 눈 깜짝할 사이에 숙소에 도착했다. 정말 재미있는 터널을 지나 순간이동을 한 것 같았다. 그냥 헤어지기 아쉬워 마지막으로 기념사진을 함께 찍고 연락처를 주고받은 뒤에 알려주신 이름을 휴대전화에 입력하고 나니 이상하게 어디선가 들어본 것 같은 이름이었다. 혹시나 하는 마음으로 숙소에 돌아와 인터넷에 그 분의 이름을 검색해 보니. 오 마이 갓.

엄청 유명한 분이셨다. 너무 후줄근하게 하고 계셔서 못 알아봤……

숙소에 들어와 잘 준비를 하고 있는데 진이가 나를 돌아보며 말했다.

"오늘은 안 돼서 되는 날이었던 것 같아."

"안 돼서 되는 날?"

"응. 생각해봐. 비가 와서 오늘 원래 하려던 계획을 다 취소했잖아. 그런데 그 덕분에 바다 실컷 봤지. 떡볶이 집 재료가 다 떨어지는 바람에 인생 최고의 피자도 먹었고. 버스 막차를 놓치는 바람에 정말 유명한 분과 이야기도 나누고 집에도 편하게 왔어."

어, 그리고 보니 그렇다. 오늘 나는 갑작스러운 폭우 덕분에 폭포처럼 쏟아지는 빗줄기를 의연히 받아내는 바다를 볼 수 있었고, 떡볶이 집에 한 발 늦게 간 덕분에 맛있는 음식과 멋진 사람들을 만날 수 있었다. 막차가 끊겨 멍 하니 길가에 앉아 있던 덕분에 난생 처음 히치하이킹도 했다. 여행은 언제나 이렇게 계획에서 살짝 벗어날 때, 예상과 다른 상황 덕분에 더욱 풍성하고 흥미진진해 지는 것 같다. 우리 삶이 그런 것처럼.

하고 싶은 마음이 쏠리는 방향

어디에선가 나이가 들면 자기만의 취향이 확고한 사람이 진짜 멋있는 거라는 내용의 글을 읽은 적이 있다. 그 글을 읽고 '내 취향은 뭘까?'라고 생각해 봤을 때의 충격을 나는 기억한다. 왜 충격을 받았냐고? 내 취향이 뭔지 나도 잘 몰랐으니까! 생각해본 적도 없었으니까!

당시 이십 대 후반이었던 나는 술에 물 탄 듯, 물에 술 탄 듯 두루뭉술해서 '아무거나'나 '적당히 대충 아무거나' 또는 '너 좋은 걸로 아무거나' 따위의 말을 어지간히도 많이 뱉어대던 인간이었다. 그때 이후로 나는 나만의 확고한 취향을 가진 멋진 여성이 되어야겠다고 생각만 하면서 여전히 그렇게 물 탄 술에 다시 물 타고 또 술탄 것 같은 생활을 계속해왔다. 그러다 이곳 제주에 와서 그 생각이 다시 떠올랐다.

그 생각을 하게 된 계기는 제주 피자 집 사장님의 한마디 때문이다. 치즈를 먹으려고 가긴 했지만 메뉴판에 있는 수많은 피자 리스트를 보고는 순간 어찌할 바를 모르던 나는 사장님에게 메뉴 추천을 요청했다.

"사장님. 여기 뭐가 제일 맛있어요?"

"맛있는 건 사람마다 다르게 느껴서요. 하하하."

"아, 그렇죠. 그럼 뭐가 제일 잘나가요?"

"글쎄요, 사실 저희 집 피자는 다 맛있어서 골고루 잘나가요."

"아아아아, 어떻게 하지? 그럼 저 뭐 시켜요?"

"지금 어떤 게 드시고 싶으세요?"

"치즈요."

"음……. 그럼 꽈뜨로 포르마지가 가장 좋을 것 같아요. 각기 다른 네 가지 치즈가 듬뿍 올라간 거라서 치즈가 드시고 싶으면 그게 최고네요. 나눠서 골고루 드실 수 있게 16조각으로 잘라 드릴게요."

"네 그럼 그거 주세요!"

주문을 이렇게 마치고 나서 신나게 피자를 먹고, 나중에 사장님과 합석해서 함께 와인을 마시며 이야기를 나누다가 좀 전에 한 내 주문 행태(?)에 대한 사장님의 속내를 들을 수 있었는데 그 내용은 이렇다.

"저는 사실 메뉴 추천을 부탁하는 손님이 좀 당황스러워요. 왜 요즘 사람들은 자기가 먹고 싶은 것 하나도 스스로 못 고를까요? 각자 좋아하는 맛이 있고, 지금 먹고 싶은 게 있으니 거기에 맞는 메뉴를 시켜 드셔야 가장 만족하실 텐데 말이죠. 저는 그래서 메뉴 추천해 달라고 하는 손님께서 오시면 그때마다 참 고민이 되요. 나중에는 그래서 그냥 매출액 순위대로 추천을 하기도 했다니까요. 그냥 남들이 많이 먹는 거 드시라고."

이 말을 듣는 순간 나는 정신이 번쩍 들었다. 어라 그러고 보니 그러게. 나 왜 그랬지. 뭐야 왜지. '그럼 저 뭐 시켜요?'라니, 진정 바보가 아닌가. '제가 지금 치즈가 무척 먹고 싶으니 치즈 맛을 가장 잘 느낄 수 있는 메뉴가 무엇인가요?' 하고 물어봤으면 될 것을. 사장님 눈에 내가 '에헤헤 저 뭐 먹어요? 난 과연 뭘 먹고 싶을까아요옹~? 나는 아무것도 모릅니다요~ 띠리리 디리리~' 뭐 이렇게 보였겠다 싶어 얼굴이 화끈거렸다.

'아악 나 이제 서른인데 아직도 이러네! 술에 물탄녀, 물에 술탄녀! 탄녀탄녀 김탄녀!'

속으로 생각하면서 입으로는 헛소리를 하기 시작했다.

"어머나 그러게요. 저도 그랬네요? 요즘에는 선택의 폭이 너무 넓어서 다들 조금씩 결정장애를 겪는 것 같아요. 뭐랄까, 현대인 사이에 널리 퍼진 감기 같은 증상이라고 할까요? 제가 또 무지하게 현대적이고 트렌드에 민감한 여성이라 남들 걸리는 병은 다 걸려야 하거든요. 결정장애, 놓치지 않을 거예요. 캬하하하~커허허허~"

그렇게 자아분열을 하고 있는데 문득 한 줄기 희망의 기억이 뇌리를 스쳤다. 좀 전에 사장님이 내게 '아 참, 와인은 레드와 화이트 중에 어떤 게 좋아요?' 하고 물었을 때, 내가 정말 확고하게 '레드요'라고 말했던 게 아닌가! 그 어떤 화이트도 허용하지 않겠다는 단호한 결의로 나는 말한 것이다. '레드요.' 아아, 아무래도 이번 여행을 통해 피자를 비롯한 다른 것은 몰라도 좌우지간 술에서 만큼은 확고한 취향이 생긴 것 같다. 어머, 말해놓고 보니 나 정말로 그런 거 같다!

이번 여행 덕분에 난생처음 맛본 우리 술이 얼마나 될까? 가만히 앉아 마음속으로 하나 둘 헤아려보니 수십 가지가 훌쩍 넘는다. 막걸리만 30여 가지에 이강주, 하향주, 죽력고, 석탄주, 이화주, 솔송주같이 이름부터 기품과 향이 넘치는 청주와 증류주까지 참 많이도 마셨다. 여기서 정말 재미있는 점은 경험하는 술 종류가 늘어갈수록 내 세상이 더욱 넓어짐과 동시에 좁아지기도 했다는 것이다. 일단 다양한 음주 경험은 내가 어떤 맛을 좋아하는 사람인지 자각하게 했다. 그리고 그 자각은 '술의 맛'에 대한 특별한 취향이랄 게 없던 나를 서서히 확고한 취향이 있는 사람으로 만들어 나갔다. 이제 나는 수많은 술 중에서 내가 좋아하는 술을 추려내고 더욱 아낄 수 있는 사람이 되었다. 그 사실은 내가 즐길 수 있는 세상의 확장과 수렴을 동시에 의미한다. 그래서 전에는 우리 술 맛을 몰라서 안 마셨다면, 지금은 스스로 마시고 싶지 않은 것을 제외할 수 있게 되었다. 알고 안 하는 거랑, 몰라서 못 하는 것은 다르다. 선택의 질이 다르다. 아니 몰라서 못 하는 것은 '선택'

이라고 할 수도 없겠구나. 나는 선택할 수 있는 능력을 갖춘 30대가 되고 있는지도 모르겠다.

선택할 수 있는 사람이 되려면 알아야 한다. 세상의 모든 것을 다 알 수는 없으니 나 자신만 제대로 알면 된다. 취향의 사전적 의미는 '하고 싶은 마음이 쏠리는 방향'이다. 그러니까 결국 자신의 마음이 어떤 방향으로 쏠리고 있는지 아는 것이 핵심인 것이다. 내가 어떤 사람이고, 지금 현재 무엇을 원하는지 알고 있는 사람은 피자든 술이든 자신에게 필요한 것을 정확하게 선택할 수 있다. 나는 술뿐만 아니라 다른 것들, 그러니까 들을 음악이나 읽을 책 같은 것들도 각종 음원 차트나 베스트셀러에 영향을 받지 않고 온전히 스스로 선택할 수 있는 사람이 되고 싶다. 그렇게 되면 언젠가 혼자 한적한 바에 가서 "마티니, 보드카 말고 진 베이스로. 베르무스를 넣어 약하게 열 번 섞어서"라고 말할 수 있는 여자가 될 수도 있겠다(영화 〈킹스맨〉에서 주인공인 에그시가 마지막에 벙커에 잠입해서 했던 대사). 오우, 상상만 해도 정말 멋지다!

제주 막걸리 예찬

제주 막걸리! 이는 듣기만 하여도 가슴이 설레는 말이다.

제주 막걸리! 너의 분홍빛 몸뚱이를 뒤집어 쥐고는 조심스럽게 원을 그리며 흔드는 내 손목의 스냅을 보아라. 아직 병뚜껑을 열지도 않았는데 벌써 내 입 안의 침샘이 폭발한다. 이것이다. 막걸리를 마시는 자가 느낄 수 있는 최초의 기쁨은 바로 이것이다. 갓난아기를 안듯, 부서지기 쉬운 귀한 것을 다루듯 두 손으로 너를 안아 올리고는 마구 흔들 때, 그때 술꾼의 눈은 빛난다. 음주에 대한 기대감으로 번쩍인다.

보라! 그들의 병뚜껑을! 녹색과 흰색으로 나뉘어 있는 제주 막걸리의 병뚜껑은 모르는 사람에게는 끝내 아무런 말도 하지 않는다. 그러나 술꾼은 알고 있다. 그것이 그들의 정체성을 의미한다는 것을! 병 안

을 가득 채우고 있는 향기로운 술의 근원인 쌀! 바로 그 쌀이 이 땅에
서 자란 것인지 아닌지를 우리는 병뚜껑을 통해 알 수 있다. 녹색 뚜껑
은 국내산, 흰색 뚜껑은 수입산 쌀이라는 표시라니, 이 얼마나 신비로
우면서도 친절한 처사인가. 제주 막걸리는 다른 그 어떤 막걸리도 그
렇게 하지 못한 일을 해냈다. 술을 마시는 사람에게 쌀을 고를 수 있는
선택권을 주다니. 가히 혁명적인 결단이다. 술꾼들에게 선택권을!

　제주 막걸리는 유통기한이 짧아 제주를 떠난 이후까지 오래 두고
마실 수는 없다. 그러나 바로 그것이야말로 그들이 가지고 있는 기품
의 원천이다. 누구나 언제든지 천 원짜리 몇 장이면 구해 마실 수 있는
흔한 술이 아니라는 점은 그들의 가치를 더욱 높인다. 덕분에 술꾼들

은 저 푸른 바다 너머에 있는 아름다운 섬에서만 제 맛을 내는 그들을 하염없이 그리워하는 마음에 한 번 더 취할 수 있는 것이리라. 술을 생각만 하는데도 취할 수 있다니, 이보다 더 멋진 일이 또 있으랴?

제주 막걸리는 우리 술계의 제주다. 드넓은 바다 한가운데 고고하게 떠 있는 눈부시게 아름다운 제주처럼, 한국을 넘어 세계인의 사랑을 받는 제주처럼 그들 또한 꼭 그러하기 때문이다. 제주에 와서 제주 막걸리를 마시지 않는 사람은 제주를 제대로 여행했다 할 수 없을지니, 오늘도 나는 제주 막걸리 두 병을 연달아 마시며 푸른 바다를 원 없이 바라본다.

제주

다움

제주에 대한 이야기를 하자면 몇
날 며칠이 모자랄 정도로 나는 제주
를 좋아한다. 제주와 사랑에 빠진 사람
이 어디 한둘이겠나. 아름다운 풍경에 매
료되어서, 눈이 번쩍 뜨이는 산해진미에
푹 빠져서, 느릿한 슬로우 라이프를 동
경해서, 그리고 또 수많은 이유로 사람
들은 홀리듯 제주로, 제주로 간다. 나
는 제주 그 고유함에 푹 빠져버린 쪽
이다. 다른 어떤 곳과도 비교할 수 없는

독특하고 유일한 문화를 긴 세월 동안 간직하고 있는 섬이기에, 내게 제주는 '자기다움'을 지켜내고 있는 묵직한 존재, 닮고 싶은 존재로 받아들여진다.

길가의 돌부터, 한 포기 풀까지 제주에는 제주다운 것들이 가득하다. 그것은 술도 마찬가지인데, 제주에 와서 알게 된 가장 흥미로운 술은 바로 '강술'이다. 강술이란, 말 그대로 '센 술'이라는 뜻이다. 이름에 걸맞게 도수가 높고 그 맛 또한 독하다고 알려져 있어 그것만으로도 굉장한 호기심이 일었는데, 술을 마시는 방법을 듣고 나서는 정말 너무나도 궁금해져서 제주에 온 김에 꼭 한 번 마셔보고 싶은 마음을 주체할 수 없었다. 강술은 우리가 '술'하면 생각하는 찰랑찰랑한 액체 형태가 아니라 꿀렁꿀렁 된장 같은 상태의 술이다. 그래서 예전 제주 사람들은 밖에 일을 하러 나갈 때 이 강술을 나뭇잎에 싸가지고 가거나, 따로 그릇에 담아 갔다가 마시기 전에 물에 타서 탁주로 만들어 마셨다고 한다. 믹스 커피를 타 마시듯 말이다. 그러니까 일종의 인스턴트 막걸리인 셈이다. 아 완전 신기하다.

지금으로 치면 내가 핸드백에 강술을 들고 다니다가, 한강 벤치에 앉아 생수에 타 마시는 거다. '아오씨~ 김별 오늘도 진짜 수고했다! 빡센 하루였으니까 술도 센 걸로 한 잔 시원하게 타 마시고 들어가자!' 이러면서. 마치 수용성 비타민 타서 마시듯이 호로록. 그럼 지나가던 사람들이 '어머 그게 뭐예요?' 하고 묻겠지. 그럼 내가 '이거 강술이요! 오호홋!' 이럼 사람들이 '우왕 어디서 사셨어요?' 이럼 내가 '앗 이거 제주에서 마시는 술인데 한 덩어리 드릴까요? 만 원에?' 그럼 사람들이 막 몰려와서 '와 저도요! 저도! 저는 세 덩어리 주세요!' 이러는 거다. 그리고 결국 난 어마어마한 부자가 되는 거다. 아하하핫… 하… 하… 핫…….

좌우지간 강술은 그렇게 마시는 술이다.

그래서 강술을 맛볼 수 있는 곳을 수소문해 보았지만, 안타깝게도 결국 찾지 못했다. 대신 원재료와 빚는 방법이 강술과 거의 동일한 제주의 토속주, '오메기술'을 알게 되었다. '오메기술'은 좁쌀로 만든 제주의 전통 떡인 '오메기떡'으로 빚는 술인데, 술을 만드는 과정을 알고 보니 강술과 오메기술은 술에 들어가는 물 양만 다르지 다른 모든 것은 같았다(강술은 물을 아예 넣지 않는다). 제주에서는 화산재, 돌, 자갈이 가득한 척박한 토양 때문에 논이 귀해 쌀이 아닌 좁쌀로 술을 지었는데, 그 덕분에 다른 지역에서는 볼 수 없는 제주만의 독특한 술 맛이 생겼다.

제주에 와서 마셔본 오메기술은 한마디로 '개성이 있는 술'이었다. 쌀이나 밀로 만든 다른 술에서는 느낄 수 없는 맛과 향이 강렬해서 나는 오메기술을 마실 때마다 '독특해. 좀 달라. 개성이 확실히 있어'라고 중얼거린다. 잔을 입술에 대고 입 안으로 흘려넣는 순간부터 술이 "나는야 오메기수울! 여기는 제주도다 제주도! 알았냐? 알아들었어?" 소리치면서 혀 이곳저곳을 한 대씩 치고 돌아다니는 것 같다. 다른 무엇으로도 대체되지 않고, 다른 어떤 섬과도 비교할 수 없는 섬에 사는 사람들의 술은 역시나 그 섬을 닮아 있었다. 제주는 언제나 제주다웠고, 오메기술 또한 과연 오메기술다웠다.

'무엇무엇답다, 무엇무엇다운, 무엇무엇다움'이라는 말이 나는 좋다. 그래서일까? 제주와 강술, 그리고 오메기술을 경험하면서 나는 다시 한 번 '자기다움'을 생각했다. 한동안 '자존'이나 '자기다움'에 골몰하며 언젠가는 나도 '김별다운' 모습을 지닌 사람이 되고 싶다 생각했는데, 시간이 지나 서른이 되어도 여전히 나는 나다운 게 뭔지 잘 모르겠다. 회사를 그만 두고 여행을 떠나왔지만 여전히 내가 진짜 좋아하고 잘하는 게 뭔지, 어떤 일을 하다가 어떻게 죽어야 할지에 대한 확신이 부족하다. 즐겁다가도 조급하고, 행복하다가도 불안하다. 브랜드 전문잡지 '유니타스 브랜드'의 편집장 권민은 이런 내 마음을 미리 알

고 있었는지 본인의 책 『자기다움』을 통해 나를 위로한다.

"자기다움을 확인하고 구축하기 위해 조급해하고 불안해할 필요는 없다. 자기다움의 과정도 인생의 결과이고, 그 결과도 과정일 뿐이다."

그래 과정도 결과이고, 결과도 과정이라면 '나다운 게 뭔데? 나다운 게 뭐냐고!'하고 외치는 절규는 평생 계속해야 할 인생의 동반자인가 보다. 내가 어떤 사람인지 스스로를 알고, 나만의 세계를 구축해나가는 일이 하루아침에 될 리 없고, 아직은 어린 서른의 나이에 완성될 리만무하니 오늘은 그냥 편안한 마음으로 제주를 가득 품은 술이나 실컷 마셔야겠다.

즐겁게 술을 마시는 모습이 참으로 나답다.

어느 평범한 대화 기록

　"전통주를 마시며 다니는 여행이라니 정말 특이하네요."

　"네, 어쩌다 보니 그렇게 되었네요. 개인적으로 술을 즐겨 마시고, 또 많이 마신다고 생각했었는데 정작 우리 술에 대해서는 너무 모르고 지냈던 것 같기도 하고, 마셔보니까 정말 종류도 끝이 없을 정도로 많고, 맛 또한 놀랍도록 좋아서요. 계속 빠져들고 있어요. 하핫."

　"그러게요. 이야기 들어보니 확실히 매력이 있네요, 우리 술! 그러고 보면 저도 전통주는 아는 술이 별로 없네요."

　"사실은 굉장히 많은 우리의 술들이 지금 전국 곳곳에서 만들어지고 있는데 별로 알려지지 않았지요."

"그러게요. 어느 지역에서 어떤 술이 유명한지 거의 대부분의 사람들이 모르죠. 그나저나 우리나라 술 중에 유명한 게 있나요? 와인이나 사케에 비하면 딱히 세계적인 인지도도 없고……. 아 그러고 보면 일본은 참 대단해요. 일본 사람들 하면 투철한 장인 정신으로 전통을 지키고 발전시켜 나가는 걸로 유명하잖아요. 사케만 해도 그렇고요."

"음, 맞아요. 지금 일본 사람들이 사케를 지켜나가는 모습은 배울 점이 분명 있지요. 그런데 그거 아세요? 우리 술이 사라지게 된 결정적인 이유가 바로 그 훌륭한 전통을 지켜나가고 있는 일본 사람들 때문이랍니다."

"에에엣? 그래요?"

"일제 강점기 수탈 작업의 일환으로 주세법이 공포되고, 자가 양조가 금지되면서 전통주의 맥이 완전히 끊긴 거거든요. 그때 일본이 주종도 탁주, 약주, 소주로 획일화시켜 버렸고요. 긴 세월 동안 그렇게 통제를 당하다 보니 자연스럽게 일본의 술이 우리 생활에 스며들게 되기도 했어요. 지금도 많은 사람들이 일본식 청주인 정종으로 제사를 지내고 있잖아요. 그런 것들을 생각하면 안타까운 점들이 있답니다."

"그렇군요. 전혀 몰랐어요."

"네 저도 이 여행을 시작하기 전에는 모르고 살았어요."

"그런데 앞으로는 좀 알아야겠네요."

"네 좀 알고 살면 더 좋겠지요."

"그러네요."

"그렇더라고요."

"한 잔 하실래요?"

"한 잔 하시죠. 기왕이면 고소리술로, 어떠세요?"

"아유, 좋지요. 그런데 고소리…… 그게 뭐죠?"

"오메기술을 증류한 제주의 전통 소주랍니다."

"오 처음 들어봐요! 좋아요!"

"그래요, 갑시다. 고소리술 마시러!"

* 일제 식민지 시절 고난을 겪은 우리 술의 명맥은 정부 수립 이후 식량 확보와 경제안정을 목적으로 1950년 2월 16일에 제정되고 시행된 '양곡관리법'에 의해 쌀로 술을 빚는 것이 금지되면서 완전히 무너져 내렸다.

(양곡관리법 시행 일시 기준 출처 : 법제처 국가법령정보센터 www.law.go.kr)

거의 대부분의 사람들이 모르죠.

올라갈 때 못 본 그 꽃

제가 제주에 올 때 꼭 진이를 끌고 가고 싶었던 곳이 두 군데가 있었는데, 하나는 바닷속이고 또 하나는 우도였어요. 바닷속에서 스킨스쿠버를 하는 것과, 우도를 ATV로 달리는 것이 얼마나 짜릿하고 재미있는지 꼭 알려주고 싶었거든요.

일단 첫 번째 도전은 스킨스쿠버였어요.

진이는 부모님께서 함께 취미로 스킨스쿠버를 하시고, 가장 친한 친구인 제가 매년 다이빙 여행을 떠나는 것을 보면서도 용케 아직까지 한 번도 스킨스쿠버를 해보지 않았어요. 겁이 나서 그랬는지, 기회가 없어서 그랬는지 알 길은 없지만 뭐 상관없어요. 이번에는 꼭 해야 하거든요. 제가 어떻게든 데리고 갈 거라고요. 다행이 진이도 호기심이 생겼나 봐요. 선뜻 한 번 해보겠다고 서귀포로 따라 나섭니다.

진이는 해녀복 같은 다이빙 수트를 난생 처음 챙겨 입고, 제 몸만큼 커다랗고 무거운 장비들을 짊어지고 씩씩하게 제 발로 바다로 걸어 들어갑니다. 처음에는 무서워서 버둥거리던 진이도 얼마간 시간이 지나자 적응을 하는 눈치였어요. 몰려드는 물고기에게 밥을 주는 진이의 얼굴을 물속에서 힐끗 살펴보니, 눈이 수경 안을 가득 채울 만큼 왕방울만 해져 있네요. 거 봐, 내가 엄청날 거라고 했지?

자, 다음은 우도 ATV 코스입니다.

성산항에서 약 3.5킬로미터 떨어진 곳에 위치한 작은 섬 우도는 빼어난 절경과 상큼한 물색 덕분에 많은 사람들이 찾는 유명한 곳이지요. 이곳을 둘러보는 방법은 다양하지만 저는 그중에서도 ATV를 타

고 해안도로를 달리는 것을 무척 좋아해요. 아주 빠르지도, 느리지도 않은 적당한 속도감이 주는 그 가슴 뻥 뚫리는 기분! 게다가 왼쪽에는 푸른빛을 담뿍 머금고 있는 청량한 바다가, 오른쪽에는 아름다운 제주 마을이 있어 그 길을 달리고 있자면 복잡한 생각이나 고민 같은 것들이 한순간에 사라져 버리는 것 같거든요.

저와 진이는 우도 선착장에 도착하자마자 파란 ATV 두 대를 빌리고, 헬멧도 단단히 여민 다음 천천히 출발했어요. 처음에는 5킬로미터 그리고 10킬로미터……. 조금씩 속력을 내니 절로 환호성이 터져 나옵니다. 바람에 날리는 긴 치마가 내는 소리도 환호처럼 들려요. 백미러로 뒤를 살펴보니, 처음에는 온몸에 힘을 주고 사람이 걷는 속도 수준으로 따라오던 진이가 어느새 제 뒤에 바짝 따라 붙었습니다. 가끔

은 뒤에서 소리를 지르기도 하네요. '끼요호. 야, 진짜 좋다아아아. 바다 봐. 바다 무지하게 예뻐어. 꺄아아아!' 거 보라니까, 내가 죽여준다고 했지!

진이는 난생 처음 경험했던 두 번의 도전을 끝내고 제게 말했습니다.

"별아, 솔직히 나 두 개 다 처음에는 진짜 무서웠거든. 바다에서도 떠내려가지 않게 물속에 설치된 밧줄에 죽기 살기로 매달리느라 바닷속 풍경을 여유롭게 감상하지 못했고, 우도에서도 혹시 어디에 부딪힐까, 앞서가는 너를 놓치면 어쩌나 싶어서 앞만 보고 가느라 우도를 제대로 즐기지는 못 한 것 같아. 으으, 얼마나 온 몸에 힘을 주었는지 별 것도 안 한 거 같은데 고단하다. 그래도 잠깐 잠깐 본 풍경을 잊을 수가 없네. 다음에 또 하자!"

사실은 말이에요. 저도 처음에 그랬어요. 꼭 진이처럼 그랬답니다. 처음 스킨스쿠버를 배울 때는 눈앞에 아무리 아름다운 산호 숲이 있어도 눈에 들어오지 않았어요. 제 눈에는 오직 앞에 가는 강사의 노란 오리발만 보였지요. ATV를 처음 탈 때도 앞서 가는 친구의 뒤통수에만 온 신경을 집중해서 옆에 바다가 있는지 산이 있는지 볼 겨를이 없었어요. 백미러를 통해 뒤를 보는 건 엄두도 낼 수 없는 일이었지요. 모두 두려움 때문이었죠.

그렇다고 그만둘 수는 없었어요. 알고 있었거든요. 바닷속이, 우도가 얼마나 아름다운지 말이에요. 그걸 포기하고 싶지 않았어요. 그냥

놓아버리고 싶지는 않았어요. 그래서 계속했어요. 가끔은 정말 무서워서 울었는데도 계속했어요. 그러니까 어느 순간 알게 되더라고요. 사고가 나면 어쩌나, 나 혼자 남겨지면 어쩌나. 무서워하고 불안해하는 제 마음이 문제라는 걸요.

사람은 겁이 나면 시야가 좁아지는 것 같아요. 주변에 아무리 아름다운 것들이 있어도 마음이 부대끼면 당장 눈앞에 있는 것에만 집중하는 것도 벅찬 거죠. 돌아보면, 30대가 되는 순간부터 참 동동거릴 일이 많은 것 같아요. 반드시 완수해야 할 미션처럼 버티고 있는 삶의 문제들이 우리의 시야를 막고 그저 경주마처럼 달리게 하지요. 결혼도 해야 하고, 돈도 벌어야 하고, 다른 사람들에게 인정도 받아야 해요. 그런데 그게 늘 마음처럼 안 되니 조급하고 불안해하면서 우리는 죽어라 앞만 보고 달려요. 그럼 안 보여요. 아무도 없는 집에서 하루 종일 외로워하는 엄마도, 나에게만 말할 수 있는 일이 생겨 힘들어하는 오랜 친구의 전화도, 출근길 아파트 단지 한편에 아기자기하게 핀 고운 나팔꽃도 다. 안 보이죠. 그런데 엄마랑 친구도 없는 삶에서 결혼을 하고 취업하는 게 다 무슨 소용일까요? 길가에 핀 꽃의 아름다움을 즐기지 못 하는 사람의 눈에 돈만은 꽃보다 아름다울까요? 그게 과연 진정 아름다운 삶일까요?

'내려갈 때 보았네 올라갈 때 못 본 그 꽃'이라고 노래한 시인이 생각납니다. 시인은 올라가는 일에만 집착하면 버젓이 피어 있는 꽃도 보지 못하는 게 우리라는 걸 잘 알았던 모양입니다. 그렇지만 한 번 꽃

을 본 사람은 알잖아요. 거기 꽃이 있다는 걸 말이에요. 그러니까 분명

그 사람은 다음에는 올라갈 때도 꽃을 볼 수 있을 거예요. 다른 사람들

이 보지 못하는 그 꽃을 말이에요.

제주

적게 벌어, 적게 쓰는 삶

제주의 바다를 보고 가만히 앉아 있으면 절로 '이곳에 내려와 살고 싶다!'는 생각이 든다. 그리고 자연스럽게 '와서는 뭐 해서 먹고 사나?' 하는 물음이 이어진다. 그 다음에는? 이렇게 외딴 곳에서 욕심 없이 조용히 살면 '적게 벌어 적게 쓰면서 사는 삶이 가능하지 않을까?' 하는 생각이 든다. 그래서 나는 예전부터 제주에 올 때마다 늘 저 순서대로 생각을 하며 언젠가 이 섬에 내려와 살게 될 날을 막연히 꿈꾸었다.

실제로 얼마 전 부부가 함께 사표를 내고 제주에서 게스트하우스를 하겠다고 내려온 지인이 있는데, 그들의 사는 모습을 지켜보니 살림도 단출하고 생활도 단순해서 도시에서만큼은 돈을 쓰지 않는 것 같

았다. "별아, 오빠가 언니 한 달에 용돈 10만 원 준다?" 하며 웃는 언니는 10만 원이 부족해 보이지도, 그 때문에 힘들어 보이지도 않았다. 왜냐하면 그녀는 "근데, 바다만 보면 웃음이 나와"라고도 했으니까! 이곳에서는 눈 뜨면 보이는 게 바다뿐이니, 언니는 분명 하루 종일 웃음이 나올 게 아닌가!

그런데 이번 제주 여행에서의 내 마음은 예전과는 조금 달라졌다. 어느 잠이 오지 않는 밤 온라인상의 일기장을 뒤적이다가 내가 예전에 써 놓은 글을 발견했기 때문이다.

"술에 취해 택시를 탔다. 뒷좌석에 털썩 주저앉으니 입에서 저절로 '아이고 힘들다. 엄청 힘들다. 돈 벌기 더럽게 힘드네' 이런 말이 나왔다. 택시 기사님이 그런 나를 보더니 웃음이 가득한 목소리로 '하하하,

엄청 힘들어요?' 하고 물으셨다. 그걸 시작으로 집에 올 때까지 아저씨랑 주저리주저리 긴 대화를 나누었다.

막연하게 적게 벌고, 적게 쓰더라도 하고픈 일 재미있게 하며 살고 싶다 했더니 대번 적게 쓰는 것도 연습이 필요하다는 말씀이 돌아온다. 본인도 사업을 수차례 말아먹고 2년 반 동안 놀다가 택시 운전 시작한 지 이제 10개월이 되었는데 그 과정에서 (어쩔 수 없이) 제일 먼저 하신 게 적게 쓰고, 적게 먹는 것이라고 하셨다. 하루에 한 끼만 먹고 물건에 대한 욕심을 버리려고 노력하셨다고. 그리고 그게 절대 쉬운 일이 아니라고. 그러면서 자연스럽게 그 2년 반 동안 고생한 이야기를 들려주셨는데 정말 듣기만 해도 만만치 않더라. 아무튼 지금은 가끔 조카에게 운동화를 사줄 정도의 돈을 벌고 있다는 사실만으로도 무척

기분이 좋다고 하셨다.

　그러고 보니 나는 좀 쉽게 생각했던 것 같다. 지금 일주일에 5일만 일하고, 여행도 가고 싶으면 갈 수 있고, 먹고 싶거나 사고픈 것을 서러울 정도로 참으며 살지는 않아도 되는데. 이런 것들을 모두 포기할 수 있는가 문제를 제대로 생각했는가 하면, 그게 아닌 것 같다는 거다. 월급이 인생 기회손실에 대한 비용으로 받는 돈이라면, 인생의 기회에 과감히 배팅했을 때 월급은 없어지는 게 당연하다. 세상에는 공짜가 없다. 말로는 이해가 되는데, 아무래도 감이 안 온다.

　어떤 게 더 행복한 인생이려나? 기사님에게 지금 행복하시냐는 질문을 하지 못하고 내린 것이 못내 아쉽다."

　2014년 여름에 있었던 일이다. 1년 조금 넘는 시간이 지나는 동안 나는 결국 월급을 버리고 인생의 기회에 배팅했다. 그때는 감이 오지 않던 상황에 닥치니 '적게 벌고, 적게 쓰는 삶'의 무게를 이제는 알 것 같다. 언니가 10만 원으로 어떻게 지내는지 알 수 있었다.

나도 지금 한 달에 내 용돈으로 10만 원도 안 쓰니까! 그리고 기사님이 느끼기에 어떤 것이 더 행복한 인생인지는 전혀 중요하지 않다는 것도 알게 되었다. 정말 중요한 건 제주에 사는 지인도, 우연히 만난 택시 기사님도 아닌 바로 내 생각이니까.

　그래서 내 생각은? 나는 회사에서 나온 뒤 확실히 더 행복하다. 몇 번이나 스스로의 선택에 대해 감격했는지 모른다. 그래서 지금의 한없이 불확실한 상황에 만족한다(불확실하지 않은 삶은 없지 않나!). 이제는 '적게 벌어, 적게 쓰는 삶'이 아니라 '적당히 벌어, 적절히 쓰는 삶'을 살고 싶다. 나이가 들수록 돈이라는 것이 오직 나를 위해서만 쓰려고 벌어야 하는 것이 아니라는 사실을 깨달으면서, 나뿐 아니라 내가 사랑하는 사람을 위해 일하고, 돈을 버는 것은 그 자체로도 행복이 된다는 것을 알았다. 그래서 '적게 벌면 뭐 어때? 적게 쓰면 되지!'라고 생각한 지난 어린 날은 오늘 부로 안녕! 앞으로는 돈에게 잡아먹히지 않을 만큼 벌어서, 과하지도 부족하지도 않게 적절히 쓰며 살고 싶다. 그래야 지금처럼 제주도 여행도 하고, 마시고 싶은 술도 걱정 없이 사 마실 것 아닌가!

해장술 모주 만들기

준비물

막걸리 · 대추 · 계피 · 생강
인삼 · 설탕 · 배

그리고, 당신이 넣고싶은 그것

① 준비한 재료를 모두 넣고 끓여요.

② 2-3시간 동안 계속 끓여줍니다.

③ 술의 양이 절반 정도 줄게 되면 끝!

뱅쇼랑 비슷한 느낌이야~

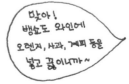

맞아! 뱅쇼도 와인에 오렌지, 사과, 계피 등을 넣고 끓이니까~

누룩으로 만드는 우리술

우리술을 빚을 때
핵심준재, 누룩

이름 : 누룩
성격 : 음식, 발효제, 곰팡이
재질 : 밀, 쌀, 녹두, 보리
정의 : 술을 만드는 효소를 지닌 곰팡이를
곡류에 번식시켜 만든 발효제

그런데
밀이 어떻게
누룩이 되지?

①

밀과 물을 넣고
잘 반죽을 한 후

②

누룩틀에 넣고 꾹꾹 밟아
모양을 만든다.

③

애미야
습도 좀 맞춰라

애미야
온도 좀 올리자

좋은 곰팡이를 퍼뜨려오는
저쭈라기

온도와 습도를 맞추어
미생물이 자라게 한다.

④

가루를 낸 누룩

잘 띄운 누룩을
좋은 햇볕과 바람에 말리는
법제 (法製) 과정을 거치면
술을 거룹을 해요!

가자~ 우리술의 길로

좋은 우리술의 재료가 되는
누룩의 탄생. ♡

무엇이든 술이 된다

우리술에 지금보다 더
무지몽매했던 시절..

막걸리?

당연히

밥으로 만들거!!!

안녕! 난 백설기야

떡?!

떡으로 술을 빚는다는 건
문화충격이었다.

알고보니 이렇게나 많은 종류가 😮

죽

범벅

고두밥

>

백설기

송편

구멍떡

절편

떡

등등

← 왼쪽으로 갈수록 발효가 빠르다.

형태에 따라 재료가 같아도
맛과 향, 발효시간이
달라져요

더 진하게,
더 깊게,
더 강렬하게!

금정산성 토산주(산성 막걸리)

만드는 술	금정산성 막걸리
지번 주소	부산광역시 금정구 금성동 554-1
도로명 주소	부산광역시 금정구 산성로 453
전화 번호	051-517-6552
홈페이지	http://sanmak.kr/

금정산성에는 〈금정산성 토산주〉의 제1공장과 제2공장이 위치하고 있다. 금정산성에 도착하면 산성누룩 특유의 새콤한 향이 공기를 가득 채우고 있어 누구든 그 향기만으로도 금정산성 막걸리가 만들어지고 있는 곳을 찾아갈 수 있을 정도다. 근처에 있는 〈금정산성 체험문화촌〉에서는 막걸리 빚기를 비롯한 다양한 체험 프로그램을 운영하고 있으니 홈페이지나 전화를 통해 사전 문의 및 예약을 하고 방문할 것을 추천한다.

* 금정산성 체험문화촌 / 051-513-6848 / http://sanseong.alltheway.kr/

할아버지 냄새

"부산하면 생탁!"

"생탁하면 부산 아입니꺼!"

부산에 도착한 첫날부터 나와 진이는 편의점으로 달려가 생탁부터 샀다. 달랑달랑 손가락 사이에 막걸리 병을 끼우고 해운대 바닷가로 가서 한 잔 걸치니 그제야 부산에 온 실감이 났다.

부산 생탁을 마실 때면 생각나는 친구 할아버지 이야기가 있다. 언젠가 그 친구와 서울에서 막걸리를 마셨는데, 막걸리 한 모금을 마시더니 "아, 여기서 우리 할아버지 냄새 나"라고 말하는 게 아닌가. 나는 할아버지 두 분께서 다 내가 아주 어릴 때 돌아가셔서 할아버지에 대한 기억이 거의 없는데, 그래서인지 막걸리를 마시면서 할아버지를 떠올리는 그 친구가 신기하기만 했다. 그래서 왜 막걸리에서 할아버지 냄새가 나냐고 물었더니, 그 친구가 해준 이야기가 정말 재미있었다.

"내가 기억하는 할아버지는 항상 막걸리를 드셨어. 그것도 무조건 이 생탁만. 어느 정도였냐 하면 돌아가시기 전에 많이 아프셔서 병원에 누워계시는데도 계속 막걸리를 찾으시는 거야. 당시에는 말씀하시기도 힘든 상황이었는데, 어느 날인가 우리 고모 손을 끌어다가 손바닥에 연신 뭔가를 적으셨대. 다들 무슨 말씀이 하고 싶으신가 궁금해 하면서 할아버지의 손가락에 집중했는데, 알고 보니 그게 술을 달라는 뜻이었던 거야. 그 뜻을 알아챈 고모가 "아부지, 술이예?" 하고 되물었더니 바로 고개를 끄덕이셨대. 그래서 숟가락으로 생탁을 조금씩

아부지, 술이예?

떠 입 안으로 흘려 넣어드렸다는 거야. 그때는 뭐 이미 다들 마음의 준비를 하고 있던 상황이어서, 돌아가시기 전에 그 좋아하시는 생탁 좀 드려도 된다고 자식들이 판단한 거지. 그렇다고 해도 막걸리도 술인데, 아픈 분께 너무 많이 드릴 수는 없잖아. 그래서 어느 정도 드리고 나서 고모가 '아부지 이게 고만 묵자. 고만 드이소~' 하고 숟가락을 걷으셨대. 그랬더니 할아버지가, 정말 한참을 말 한마디 못 하시던 우리 할아버지가 딱 한 마디 하셨는데 나는 아직도 그게 잊히지가 않아. 뭐라고 하셨냐고? '와?' 왜 그만 주냐, 그러지 말고 더 달라는 말씀이시지. 아이고, 얼마나 술이 좋으시면 그러셨겠어. 하하하. 그래서 그 뒤로는 막걸리를 보면 할아버지 생각이 나."

나는 당시 친구의 이야기를 듣고 한참을 웃다가 또 금방 가슴이 찡해졌다. 할아버지의 마지막 모습을 유쾌하게 기억할 수 있는 친구가 참 좋아 보였다가, 금세 막걸리를 마실 때마다 할아버지 생각을 할 친구가 짠했다.

한 살, 한 살 나이를 먹어갈수록 늘어나

는 것이 참 많지만(주름, 대출, 기타 등등) 그 중에 유별하게 느껴지는 것 하나는 바로 '부모님 생각'이다. 처음 입사를 하고 나면 많은 신입사원들이 20년, 30년 직장 생활을 하고 계신 아버지 생각을 하며 눈시울을 적신다.

'아 이 더럽게 힘든 생활을 내 나이만큼 한 거야? 우리 아버지는?' 하고 마음속으로 외치며 화장실 변기에 앉아 꺼이꺼이 울기도 한다(실제로 나도 몇 번이나 그렇게 울었다). 그 뒤로는 어쩌다 아버지가 주시는 돈이 그렇게 귀할 수 없다. 귀하다 못해 신성하다. 결혼해서 내 가정을 꾸리고, 집안일을 시작하면 엄마 생각이 그렇게 난다. '내가 바닥에 던져 놓은 물건을 주워 담으며 엄마는 몇 번이나 한숨을 쉬었을까? 엄마도 사실 밥하기 정말 귀찮았겠구나. 알고 보니 내 옷은 엄마가 다 다려준 거였구나!' 뭐 이런 생각을 하기 시작하면 그야말로 한도 끝도 없고 나는 그저 대역 죄인이다.

사정이 이렇다 보니 예전에는 여행을 해도 '우와 멋있다! 대박 맛있다! 키햐 재밌다! 꺄오!' 이러면서 혼자 신이 났다면, 요즘에는 여행을 다니면 '야 여기 멋있다. 엄마랑 또 와야지. 와 이거 맛있다. 아빠 좀 사다 드릴까?' 끊임없이 생각한다. 이런 마음을 진이에게 이야기했더니 역시나 그녀도 나와 같은 마음이었다. 아빠의 사회 초년생 시절, 엄마의 초보 주부 시절을 30년의 시간차를 두고 천천히 따라 하면서 그제야 우리는 부모님을 더욱 이해하게 되는 것 같다. 친구의 할아버지가 왜 돌아가시기 전까지 생탁을 드셨는지는 아마 또 30년은 더 살아야 알 수 있겠지? 근데 다시 생각해도 할아버지 정말 귀여우시다.

참, 그 친구는 지금 내 남편이 되어 있다.

와?

술이 나를 마실 때

갓 대학에 입학해 주량도 모르고 한창 술을 마셔댈 때는 다음 날 아침에 눈을 뜨는 것이 두려웠다. 숙취 때문에? 아니 아니, 그때는 아무리 마셔도 잠깐만 자고 일어나면 다시 말 짱했으니까 숙취가 뭔지도 몰랐다. 숙취도 아니면 뭐 때문에? 바로 잃어버린 기억 때문이다. 필름이 끊긴 다음 날 아침에 눈을 떠서 제일 먼저 해야 하는 일은 바로 친구에게 '야, 나 어제 뭐 실수한 거 없어?' 하고 묻는 일. 어떤 이야기가 나올지 모르니 대답을 기다리는 동안의 그 쫄깃함은 정말 어마어마하다. 게다가 친구가 별 말 없이 그냥 미친 듯이 웃을 때는 정말……. 하이킥! 하이킥! 이불이 천장에 닿을 만큼 높이 더 높이! 수없이 많은 이불킥을 해야만 했다.

당시 나를 괴롭힌 내 주사는 크게 두 가지 종류가 있다. 가장 흔한 것은 이상행동이다. 메추리알을 껍질 째 와작와작 먹는다거나, 길고양이를 보고 이상한 나라의 엘리스를 만나야 한다며 미친 듯이 쫓아갔다거나, 아무도 없는 테이블에 앉아 맥주병을 부둥켜안고 노래하는 게 여기 속한다. 또 하나는 생각이 필터링 없이 바로 입으로 튀어나오는 것이다. 예를 들면, 피아노를 바이엘까지 쳤다고 자랑하는 선배에게 '와하하! 바이엘! 뭐야 그 정도는 나도 친다! 와하하! 바이엘 주제에 자랑하고 있네! 하하하!' 하고 웃었다거나, 셀카를 찍고 있는 잘생긴 동기에게 '뭐야 셀카 찍고 있네! 아하하! 나는 셀카 찍는 남자가 제일 싫더라! 캬하하!' 하고 웃는…… 뭐 이런 식의 말실수가 주를 이룬다.

그때는 이런 주사를 전해 들으면 내 자신이 너무 부끄럽고 싫어서 정말 미칠 것 같았다. 그래서 '술을 마실 때 나오는 그분은 내가 아니다. 나는 그런 인간이 아니다'라고 스스로를 부정하거나, '내가 한 말은 헛소리다. 전혀 진심이 아니다' 하며 내가 한 말에 아무런 의미가 없음을 강조했다. 그런데 점점 나이가 들수록 내 주사를 대하는 태도에 변화가 생기고 있음이 느껴진다.

'내가 그랬을 리 없어. 그건 내가 아니야!'에서

'내가 그랬어? 그래, 나는 그러고도 남을 인간이야'로.

'야, 그냥 술 먹고 한 헛소리야. 잊어!'에서

'아, 내가 나도 모르게 그런 생각들을 했었구나'로 말이다.

어떻게 보면 일종의 포기일 수도 있고, 스스로의 추한 모습까지 인정하게 된 것일 수도 있다. 아마도 둘 다인 것 같다. 그리고 부산의 밤을 느끼고자 찾았던 광안리에서 나는 한 번 더 나 자신을 포기하고 또 인정할 수 있는 좋은 기회를 갖게 되었다.

시간은 어느새 밤 11시. 각자의 침대에 누운 나와 진이는 어쩐지 뭔가 아쉬웠다.

"아, 너무 피곤한데, 그냥 자기는 좀 아깝다, 이 밤이."

"역시 그렇지? 어떻게 할까?"

"어떻게 하지?"

"딱 1시까지만 놀다 올까?"

"그럴까?"

"응, 딱 두 시간만 놀다 들어오자!"

그렇게 밖으로 나온 우리는 광안리에 위치한 한 바로 향했다. 처음에는 그냥 병맥주 하나씩 마시면서 서서 이야기하는 정도였는데, 어찌된 일인지 어느 순간 우리 둘은 테이블 옆에 서서 미친 여자들처럼 춤을 추고 있었다. 그때부터는 내가 술을 마셨다기보다 술잔이 저 혼자 내 입안으로 꺾여 들어왔고, 나중에는 술이 나를 들고 마시는 것 같았다. 춤은 조금 더 심각했는데……. 예쁘고 곱게 춤을 추어 뭇 남성들의 마음을 훔친 것이 아니라, 그야말로 우가우가 우가차카 우가우가 끼룩끼룩 거리면서 정체불명의 춤을 추어대는 통에 그곳에 계신 신사 숙녀 여러분께 간만에 좋은 구경거리가 되어드리고 만 것이다.

이미 자기 통제력을 잃은 나와 진이는 결국 진이의 구토 고백과 함께 다급하게 끝이 났다. 그나마 다행인 건, 진이보다 술이 센 내가 금방이라도 토할 것 같은 진이를 끌고 무사히 숙소에 왔다는 것. 그 다음은? 바로 암전. 눈을 뜨니 다음 날 아침이었다. 그리고 조금씩 떠오르는 어젯밤의 잔상.

고개를 꺾은 뒤 꿀꺽. 마셔. 우가우가. 저 사람들이 우리 쳐다 봐. 뭐 어때. 우가우가. 막 웃는데? 괜찮아 마셔. 다시 꿀꺽. 우가우가. 여긴 어디 난 누구. 우가우가.

그러니까 저 '우가우가'가 어젯밤의 하이라이트인 것 같다. 어릴 때였으면 또 죄 없는 이불을 걷어차며 괴로워했겠지만 지금은 아니다. 나는 즐겁게 춤을 추는 나와 진이를 회상하며 '뭐, 어때. 춤추는 우리도 즐겁고 우릴 구경하던 사람들도 즐겁고. 참 즐거운 밤이었네' 하고 생각해버렸다. 어떻게 보면 이런 변화는 그냥 내가 다시 오늘을 멀쩡한 정신으로 살려고 타협해 버린 것일 수도 있다. '김별! 이 멍청이! 왜 그랬어! 왜애!' 하고 생각하면 괴로운 건 나니까 말이다.

박숙희의『사르트르는 세 명의 여자가 필요했다』라는 소설을 보면 이런 말이 나온다. "한 살 한 살 나이를 먹을수록 내가 나를 허용하는 범위가 점점 넓어지고 느슨해진다는 걸 느껴요. 내가 살아갈 수 있을 만큼 타협하고, 내가 살아갈 수 있을 만큼 나를 용서하는 거지." 정말 그런 것 같다. 내가 살아갈 수 있을 만큼 나를 허용하고, 용서하고, 타협하는 것. 그게 뭔지 이제 조금씩 알겠다. 나 자신을 허용하는 범위가 넓어진다는 것은 그 허용하는 것이 무엇이 되느냐에 따라 많이 다르겠지만, 아무도 보고 있지 않은 것처럼 춤추는 것 정도는 괜찮은 일인 것 같다. 그래도 앞으로는 술은 적당히 마셔야 할 것 같다. 과음 때문에 괴로운 것도 결국 나니까 말이다.

결국에는 그것을 차마 삼켜내지 못하고
도로 입 밖으로 내어 놓는다.
다 삭이지도 못 할 것을 왜 억지로 구겨 넣었을까.
자책하며 게워내고 또 게워낸다.

어디선가 나타난 사람이 다가 와
"토해. 다 토해 내. 그럼 편해질 거야" 하며 등을 쓰다
듬는다.
"그러게 이년아, 감당도 못 할 거면서 왜 그랬어" 하
며 등짝을 후려친다.

괜찮을 줄 알았지.

할 수 있을 줄 알았지.

남들 하는 만큼 나도 될 줄 알았지.

울음 같은 변명을 구역질처럼 해대며

그것들을 하나도 남김없이 깨끗하게 토해낸다.

눈물이 조금 나기는 했지만,

속은 편하다.

편안해졌다.

금정산성 막걸리와 인연

부산에 온 가장 큰 이유는 금정산성 막걸리 때문이었다. 조선 숙종 때 금정산성을 축성하던 부역꾼들이 낮참으로 즐겨 마신 것이 그 유래인 금정산성 막걸리는 새콤달콤한 감칠맛으로 오랜 시간 많은 사람의 사랑을 받아오다가 고(故) 박정희 대통령의 애주로 알려지면서 더욱 널리 알려졌다. 이래저래 부산에서 워낙 유명한 술이기도 하고, 금정산성 막걸리를 만드는 양조장이 전통 누룩을 만들어내는 곳으로도 명성이 자자해 꼭 한 번쯤 이곳을 방문해보고 싶었다. (국내에서 전통 누룩을 빚는 곳으로는 광주의 송학곡자, 상주의 상주곡자, 진주의 진주곡자, 부산의 산성누룩 등이 널리 알려져 있다.)

그런데 이게 웬일! 양조장에 미리 전화해서 견학 문의를 하니 메르

스 때문에 각종 견학/체험 프로그램이 모두 취소되었다는 것이 아닌가! 잠시 잊고 있던 메르스의 위력과 여행 시기 하나만큼은 아주 기가 막히게 잡은 우리의 소름 돋는 육감에 다시 한 번 박수를 보내며 양조장 방문 계획은 깔끔하게 접었다. 그러나 이대로 그냥 모든 것을 포기할 수는 없는 일! 폭풍 인터넷 검색을 통해 다행히 금정산성에 위치한 '산성문화체험촌'이라는 곳을 알아냈다. 그리고 그곳에 다양한 볼거리와 체험 활동이 가능한 〈금정산성막걸리박물관〉, 〈금정산성문화체험촌〉 등의 시설이 있다는 정보를 입수, 더 생각할 것도 없이 서둘러 길을 나섰다.

금정산성으로 가는 좌석버스가 산 속을 달린다. 창문에 나무가 사그락사그락 스칠 정도로 울창한 산 속을 달린다. 숲을 뚫고 달리는 버스라니, 새삼스레 여행하는 맛이 난다.

"이거 봐 거의 나무 터널이야, 이거."

"만화 영화에 나오는 터널 같아! 이 터널을 지나면 신비의 세계가 나온다. 둠둠 두구둠 둠~"

"크크 정말 그러네? 아아 오늘 재미있었으면 좋겠다!"

"응! 금정산성 막걸리는 흑염소랑 같이 먹는 게 정석이래! 우리 꼭 먹어 보자."

"그래, 그러자. 나 흑염소 한 번도 안 먹어 봤는데!"

"오, 나도 안 먹어 봤어. 흑염소! 기대된다."

"야, 근데 나만 춥나? 나 엄청 오슬오슬하다?"

"아니야. 나도 아까부터 좀 춥네. 왜 이러지?"

숲 속을 달리는 버스와 금정산성 막걸리에 대한 기대감에 들떠 있던 것도 잠시, 나와 진이는 동시에 오한을 느꼈다. 연일 계속되는 음주와 부족한 잠 때문에 슬슬 체력이 떨어지고 있었는데, 날까지 흐려지니 몸살 기운이 우리 두 사람을 덮친 것이다. '아이고 큰일이다' 생각하며 고개를 돌려 창밖을 보니 하늘에는 검은 구름이 잔뜩 끼어 있었다. '구름이 심상치 않다' 생각하기 무섭게 혹시나 하던 비가 역시나 내리기 시작했다.

'뭔가, 예감이 좋지 않다.'

아닌 게 아니라 빗속을 뚫고 도착한 금정산성은 그야말로 적막 그 자체. 애써 가파른 언덕을 올라 도착한 박물관도, 그 옆에 문화체험촌

도 모두 약속한 듯 문이 닫혀 있었다. 행여나 하는 마음으로 근처를 어정거리다 줄에 묶여 있지 않은 개를 만났는데, 어찌나 사납게 이를 드러내고 짖어대는지 절로 등골이 오싹해져 재빨리 그곳을 도망치듯 빠져 나왔다. 뭐랄까, 동네 개한테까지 환영받지 못한 기분이었다. 가뜩이나 몸도 안 좋은데 개한테까지 구박을 당하니 상당히 서러웠다.

결국 날도 점점 궂어지고, 몸도 마음도 차갑게 식어버려 도저히 그곳에 더 있을 상태가 아니라는 판단 하에 우리는 금정산성에 도착한 지 한 시간 만에 다시 해운대로 돌아가기로 결정했다. '그렇게 기대했던 금정산성인데, 이렇게 허무하게 그냥 돌아가다니.' 서운하기도 하고 실망스럽기도 했다. 올 때는 신비의 세상으로 들어가는 입구 같았던 나무 터널도 어느새 우리를 거칠게 밀어내는 파도처럼 느껴졌다.

'아무래도 때를 제대로 잘못 잡은 것 같다. 작가 전경린이 어느 책에서 인가 때는 우주의 간섭이라고 했는데, 어쩌면 금정산성과 내가 지금 만날 운명이 아니었나 보다. 그래서 우주가 간섭을 했나 보다.' 별 생각을 다 하면서 나는 금정산성에서 빠져 나왔다.

그렇게 금정산성은 내게 스산하고, 음침하고, 오싹했던 기억으로 남았다. 내가 그날 본 금정산성의 모습이 진짜 그곳의 모습이 아닐지도 모른다. 아니, 아마도 그럴 것이다. 금정산성은 스산하고, 음침하고, 오싹한 곳이 아닐 것이다. 날이 좋고 사람이 많았다면 박물관도 체험장도 문을 열었을 테고 나도 분명 그곳에서 즐거운 시간을 보낼 수 있었을 것이다. 그렇지만 안타깝게도 나는 그런 금정산성을 경험하지 못했다. 그건 어쩔 수 없는 일이다. 처음에는 한참 동안 아쉬운 마음에 서울로 돌아와서도 자꾸만 금정산성 막걸리를 찾아 마셨다. 하지만

어쩐지 술을 마실 때마다 자꾸만 그날의 기억이 떠올라 술에 애정이 가지 않았다. 이 또한 어쩔 수 없는 일일 것이다.

내가 금정산성에 비 오는 날 가서 안 좋은 기억을 만들고 온 것은 어쩔 수 없는 일이다. 그 때문에 그 후로도 내내 금정산성 막걸리만 보면 안 좋은 기억이 떠올라 술 맛이 나지 않는 것 또한 어쩔 수 없는 일이다. 그러나 지금 어쩔 수 없다고 해서 앞으로도 영영 나와 금정산성 막걸리의 '때'가 안 맞을 거라고는 생각하지 않는다. 오히려 덕분에 어느 날씨 좋은 봄 날, 좋은 친구들과 함께 꼭 금정산성에 다시 가고 싶다는 생각을 했다. 다시 가고, 또 다시 가다 보면 언젠가는 진짜 금정산성과 금정산성 막걸리를 알게 되지 않을까? 그곳이 좋은지 싫은지는 그 이후에야 정확히 알 것이다.

사람의 경우도 이와 다르지 않다. 유난히 몸이 안 좋은 날, 길을 가

다 흙탕물에 발이 빠지는 바람에 새로 산 신발이 엉망이 되어 신경이 날카로운 상태의 나를 잠깐 본 사람이 있다고 생각해보자. 그 사람은 분명 나를 정말 예민하고 신경질적인 사람이라고 생각할 것이다. 반대로 컨디션도 좋고 기분도 좋은 상태의 나를 본 사람은 나를 참 유쾌하고 친절한 사람으로 기억할 것이다. 예전에는 나의 단적인 모습만 보고 나를 판단하는 사람이 있으면 억울하기도 하고 속상하기도 해서 주변에 '나는 그런 사람이 아닌데! 그 사람은 나에 대해 잘 알지도 못하면서!'하며 하소연하기도 했다. 그런데 다시 생각해 보면 그 사람이 나의 그런 모습을 보았기 때문에 그렇게 생각하는 것은 어쩌면 자연스럽고 당연한 일이라는 생각이 든다. 그것까지는 내가 어쩔 수 없는 것이다. 내가 그런 생각을 갖는 것 또한 마찬가지이고.

대신 이렇게 생각할 필요는 있다. '지금 내가 본 저 사람의 모습이 전부가 아니다. 지금은 아무래도 그 모습을 봤기 때문에 이런 생각이 들지만, 이 생각은 언제든 바뀔 수 있다'고 말이다. 타인에 대한 성급한 판단을 경계할 필요도 분명 있지만, 자꾸만 그런 생각이 드는 자신을 너무 책망할 필요도 없다는 말이다. 사람이든, 장소든, 술이든, 특정 대상에 대한 판단을 언제든 바꿀 수 있다는 마음의 여유와 함께, 자신에게도 조금 더 너그러운 태도를 가진다면 시시각각 우리 의지를 시험하는 우주의 간섭 속에서도 흔들리지 않는 중심을 잡고 살아갈 수 있을 것이다.

말 조심들 합시다

숙소로 돌아왔더니, 거실에서 가벼운 맥주 파티가 한창이었다. 동그랗게 둘러앉은 틈에 끼어 자기소개를 하고 나니, 이번 여행 내내 그랬던 것처럼 나와 진이는 또 최고령 참가자(?)였다. '저희는 둘 다 서른입니다'라고 말했을 때의 술렁임, 이제 익숙하다. 나도 스무 살 때는 다섯 살만 많은 선배도 엄청 아저씨, 아줌마로 보였으니까.

낯선 사람을 향한 호기심 가득한 그들의 눈빛을 여유롭게 받아내며 너털웃음을 웃고 있는데, 갑자기 내 옆자리에 앉아 있던 한 남자가 툭 하고 말을 건넸다.

"그런데 여자 나이가 서른이나 되었으면, 이러고 다닐 게 아니라 빨리 시집가야 하는 거 아닌가요?"

아아, 하도 들어서 이골이 나면서도 들을 때마다 짜증이 치미는 이 무례한 대사. 내가 이 말을 부산에 와서까지 듣다니. 그것도 처음 보는 모르는 남자에게서! 나는 치솟는 짜증을 표정에 드러내지 않으려 노력하며 나직하게 대답했다.

"저 결혼했어요."

결혼했다는 대답을 예상하지 못했는지 잠시 놀라는 표정을 짓던 그는 거기서 포기하지 않고 기어코 한마디를 더 했다.

"아, 결혼하셨구나. 아기는 아직 없어요?"

"네, 아직 아기는 없어요."

"빨리 낳으셔야지요! 지금 낳아도 노산일 텐데. 하하하."

'죽여버릴까. 저걸 확. 멱살이라도 잡을까.' 내 눈이 그렇게 말한 것 같다. 진이가 내 표정을 읽고 내 멱살을 잡아 급히 방으로 끌고 들어온 것을 보면 말이다.

사실 나를 비롯해 주변 친구들을 보면, 서른이라는 나이에 대한 복잡한 감정과 서른의 여자를 바라보는 시선이 만든 이중 감옥에 갇혀 허덕이는 경우가 많다. 여자 나이가 서른이 되면 '결혼과 그 이후'에 대한 부분에서 불특정 다수의 압박이 시작되는데, 여기서 포인트는 정말이지 '불특정 다수'가 한마디씩 한다는 것이다. 지금처럼.

나는 스물아홉 살 때부터 '올해는 아홉 수, 내년에는 서른. 여자 인생은 거기서 끝나는 거지. 넌 이제 다 끝났다'는 말을 들었다. '이제부터는 결혼을 하지 않았어도 넌 아가씨가 아니다. 아가씨는 이십 대 초반만 아가씨다'라는 말도 들었다. 모두 직장 동료에게서 들은 말이었다. 농담의 탈을 쓴 모욕이었다(이런 종류의 말은 이곳에 다 쓸 수 없을 정도로 무수히 많다). 결혼을 하고 나니 만나는 사람마다 '좋은 소식 없어?' 하고 묻는 통에 이마에 '좋은 소식 없음'이라고 써 붙이고 다니고 싶은 심정이다. 이건 직장 동료를 넘어 동네 주민까지 간섭을 하는데, 실제로 나는 얼마 전에 강아지 산책을 시키고 집에 돌아오는 길에 아파트 현관에서 만난 처음 보는 아주머니에게 '새댁이 애를 낳아야지, 왜 개를 키우냐며 혼쭐이 난 적도 있다.

그때도 그렇고, 지금도 그렇고 나는 이런 일이 있을 때마다 〈이층의 악당〉이라는 영화에서 김혜수가 한 대사를 생각한다. '한국 남자들은 나이 처먹고 아저씨 되면 아무한테나 조언하고 충고하고 그래도 되는 자격증 같은 게 국가에서 발급되나 봐요?' 영화에서는 듣는 이가 명확히 한 남자였기 때문에 이런 대사가 탄생했지만, 사실 이 대사는 나이 먹은 남자에 국한시켜 사용하기에는 그 쓰임이 참으로 폭 넓고 다양하다.

아무한테나 조언하고 충고하고 그래도 되는 국가 자격증은 없다.

그러니 제발 말조심 좀 하자.

쫌!

경주 교동 법주

만드는 술	경주 교동 법주
지번 주소	경상북도 경주시 교동 69
도로명 주소	경상북도 경주시 교촌안길 19-21
전화 번호	054-772-2051 / 054-772-5994
홈페이지	http://www.kyodongbeobju.com/n

〈경주 교동 법주〉는 350여 년간 계승 발전해온 경주 최부자집의 가양주로 그 뿌리가 깊은 만큼 술 맛 또한 깊기로 유명하다. 여전히 사람이 거주하고 있다는 고택의 안으로 들어서면 그저 그 존재만으로도 격조와 품격이 느껴진다. 자체적으로 운영하는 체험 프로그램은 없지만, 〈경주 교동 법주〉가 위치해 있는 〈경주 교촌 마을〉에서 다양한 체험, 전시, 공연 등이 수시로 진행 되니 홈페이지를 통해 확인해 보자.

* 경주 교촌 마을 / 054-779-6981~2 / http://www.gyochon.or.kr/

상스러운 시작?
상서로운 시작!

경주로 가는 길, 갑자기 단 것이 당겨서 도너츠 가게에 들어갔다. 커다란 배낭을 벗어 의자 옆에 두고는 커피와 도너츠를 맛있게 먹고 있는데, 갑자기 한 남자가 심한 욕을 하며 지나갔다. 본인이 걷는데 나와 진이의 배낭이 방해가 된 모양이었다(물론 길은 매우 넓었고, 그 남자는 굳이 우리 테이블에 그렇게 바짝 붙어서 걷지 않아도 되었다).

그의 욕설을 듣고 처음 든 생각은 '저게 설마 나한테 하는 욕인가?'였다. 50퍼센트 정도의 확신을 가지고 맞은편에 앉아 있는 진이를 보니, '저게 설마 나한테 하는 욕이야?' 하는 눈빛으로 나를 바라보고 있었다. 그러니까 우리에게 한 욕이 맞았다. 서로의 눈으로 그 사실을 확인한 나와 진이는 동시에 그만 웃어버리고 말았다.

"야, 지금 저 사람이 나한테 XXX라고 한 거야?"

"어 그런 거 같은데? 우리 가방 때문인가 봐."

"어이고 왜 저러실까. 오늘 여자한테 대차게 차이셨나 보네~"

"그러게나 말이다. 저 가여운 인간 오늘같이 좋은 날, 하루를 참 기분 나쁘게도 시작하네."

"그러게 불쌍하다. 그지?"

"응, 불쌍해. 크크큭."

만담 콤비처럼 말을 주고받고 있자니 새삼 기분이 좋아졌다. 아무런 근거 없는 타인의 욕설에 마음이 다치지 않을 만큼 내 자존감이 단단해서 좋고, 경멸보다는 동정을 통해 자신의 하루를 기분 좋게 지켜나가는 멋진 친구가 곁에 있어서 좋다. 상쾌한 아침부터 모르는 남자에게 욕을 먹고 기분이 좋아지다니 참으로 기이한 상황이다. 아무래도 이번 경주 여행은 유별나게 재미있으려나 보다.

주령구를 굴려라

　경주에서의 숙소는 첨성대, 교촌 한옥마을, 천마총 등 주요 관광지까지 모두 걸어서 갈 수 있는 곳에 위치한 아름다운 한옥 게스트하우스였다. 친절한 주인아주머니의 안내를 받아 들어간 방은 더할 것도 뺄 것도 없이 정갈한 우리 한옥의 매력을 그대로 보여주었다. 한 구석에 짐을 풀고, 편한 옷으로 갈아입고 나니 피로가 몰려 와 잠시 눈을 감는다는 게 나도 모르게 까무룩 잠이 들었던 모양이다. 희미한 정신으로 눈을 뜨니 시간은 벌써 저녁

여섯 시가 다 되어 있었다. 그대로 다시 눈을 감고 내일 아침까지 자버릴까 잠시 유혹이 스쳤지만, 이내 오늘 밤에 꼭 경주의 야경을 봐야 할 것 같은 강렬한 느낌이 들어 자리를 털고 방을 나섰다.

숙소에서 나와 골목길에 접어드니 그제야 경주에 온 것이 실감 났다. 천년 의상, 신라 조립식 건축, 천마 문구완구 백화점 등 그 이름부터 정체성을 확실히 보여주는 작은 가게들이 저마다 머리 위에 기와를 얹고 오밀조밀 골목 안에 가득 들어서 있었다. 건물들이 모두 나지막하게 자리하고 있어 그 너머로 막 해가 진 뒤의 어스름한 푸른 하늘이 한눈에 가득 보였는데, 어쩐지 구름 한 점 없이 매끈한 것이 조금 비현실적이기도 하고 저 위에서 누군가가 고운 비단을 펼쳐 놓은 듯 신비롭기도 했다. 한참을 두리번거리며 걷다 보니 멀리서 교촌 한옥

마을의 입구가 보였다. 시간도 많고, 특별히 급할 것 없던 나는 산책 삼아 그곳을 둘러보는 것이 좋을 것 같아 마을 안으로 발길을 향했다.

마을 입구에서 들어서자마자 왼쪽으로 나 있는 나지막한 언덕을 오르니 홀연 눈앞에 커다란 나무 한 그루가 나타났다. 여느 곳에나 있는 마을을 지키는 나무이겠거니 하며 무심코 지나치려는데 누군가 큰 소리로 나와 진이를 불러 세웠다.

"저기요. 거기 두 분."

고개를 돌려 소리가 나는 쪽을 보니, 세상에 웬 꽃미남 둘이 나무 뒤편에 있던 평상에 앉아 술을 마시고 있는 것이 아닌가! 보아하니 나이도 우리보다 한참을 어려 보이는데 혹시 불량 청소년인가 싶어 조금 더 다가가 살펴보니 아무리 봐도 불량한 기운은 전혀 없었다. 오히려 그보다는 묘하게 귀티가 나는 것이 좀 사는 집 자제들인 것 같았다. 방학이라고 같이 경주로 여행 온 부잣집 도련님들이겠거니 나름대로 추측하면서 나는 조심스럽게 입을 열었다.

"네?"

"안녕하세요!"

"어, 네. 안녕하세요."

"여기 사시는 분들은 아닌 것 같은데 두 분 여행 중이신가요?"

"네, 그런데요?"

"그러시구나. 혹시 지금 어디 가세요?"

"저희 그냥 산책 중인데요."

"그럼 같이 한 잔 하실래요?"

"네?"

"어쩌다 보니 둘이 마시기엔 술이 너무 많아서요. 어때요?"

'에헷? 우리 이 나이에 지금 헌팅 당한 거?'

전혀 예상하지 못한 제안에 당황한 내가 벙어리가 되어 눈만 끔벅거리고 있으니, 진이가 나서서 그들에게 물었다.

"근데, 그 술 무슨 술인데요?"

"아 이거요? 이거 얘네 집에서 직접 만든 술이에요. 어디 가서도 못 마실 귀한 거예요. 저희 이상한 사람들 아니니까 진짜 이것만 딱 같이 마셔요."

집에서 직접 빚은 귀한 술? 그 말에 나와 진이는 재빠르게 눈빛으로 서로의 의사를 물었고, 만장일치로 일단 그 술을 마시기로 합의 했다. 경주의 야경이 뭐 별 거 있나? 지금 우리 눈앞에 있는 이게 야경이지! 어차피 우린 지금 술을 마시는 여행 중이니까!

"음, 그럼 살짝 한 잔만 마셔볼까요?"

"오! 좋아요! 반가워요! 이렇게 만난 것도 인연인데 자 일단 한 잔씩 받으세요."

"어머 이 술, 향부터 정말 좋은데요?"

"그렇죠? 하하하! 거 봐요. 자 마셔보세요."

그들이 건네 준 이름 모를 술은 말로 표현할 수 없는 오묘한 맛과 향을 지니고 있었다. 그러면서도 중독성이 있어 자꾸만 입이 가게 하는 힘이 있었다. 얼마나 마셨을까? 갑자기 청년 중 한 사람이 재미있는 게임을 제안했다.

"이거 뭔지 아세요?"

그가 건넨 것은 작은 나무 주사위 같은 거였는데, 주사위와 달리 면이 14개가 있고 각 면에는 한자로 무언가가 적혀 있었다. 뭐라고 쓰여 있는 건지 물으니 술 세 잔 한 번에 마시기, 무반주로 춤추기, 얼굴 간지럽혀도 참기 등의 벌칙이란다.

"오 재미있겠는데요? 근데 이게 뭐죠?"

"이거 주령구라는 건데, 저희 형님 방에서 슬쩍 해왔어요."

"주령구? 처음 들어 보는데. 형이 참 재미있는 거 가지고 노시네
요."

"하하핫, 네 그렇죠. 자자 그럼 누님부터 시작하실래요?"

"그래요!"

그들이 알려준 주령구 게임은 그냥 단순하게 순서대로 굴리기만 하
면 되는 것이고, 멈추지 않는 이상 벌칙도 끝이 없어서 계속하다 보니
모두들 엄청나게 취해버리고 말았다. 진이는 이미 옆에서 꾸벅꾸벅
존 지 오래고 우리에게 술을 권하던 남자들도 갑자기 급한 볼 일이 생
겼다면서 자기들끼리 화랑이니 수련이니 한참을 속닥거리더니 어느
틈엔가 감쪽같이 사라져버렸다. 나는 이제 그만 일어나서 숙소로 돌
아가야겠다 생각하며 몸을 일으켰다. 그러다 휘청, 그만 몸을 가누지
못 하고 평상 아래로 굴러 떨어졌다.

기절했던 걸까? 내 몸이 어딘가에 누워 있는 것이 느껴진다. 아직
뜨지 못한 눈꺼풀 너머로 무언가 아물거리는 것도 같다. 흐릿한 정신
을 겨우 차려 눈을 뜨고 주변을 살펴보니 그곳은 다름 아닌 숙소의 내
방 안이었다. 어찌된 일일까? 고개를 돌려 시계를 보니 시간은 막 여
섯 시를 지나고 있었다.

여기도 저기도

신라 시대 왕자가 거처하던 '동궁'과 귀빈들을 대접하기 위해 연회를 베풀던 아름다운 인공연못 '월지'가 위치한 곳, '동궁과 월지'에 도착했다. 삼국을 통일한 후 통일 신라가 가장 융성하던 시절에 만들어진 이곳은 당시의 부귀와 영화를 그대로 보여주는 듯, 어둠을 밝히는 금빛 조명 아래 위용이 넘치는 모습으로 천 년이 넘는 시간 동안 굳건히 자리를 지키고 있다.

처음 이곳이 만들 때, 연못 안 세 개의 섬과 연못의 북동쪽에 위치한 열두 봉우리의 산에 아름다운 꽃과 나무를 심고 진귀한 새와 짐승을 길렀다고 전해진다. 물론 연못 안의 섬과 연못 밖의 봉우리도 모두 인공적으로 만든 것이다. 인간의 손으로 만든 못과 섬, 그리고 봉우리지

만, 아니 어쩌면 그렇기 때문에, 그것만이 가질 수 있는 정교한 아름다움을 '월지'는 지니고 있다. 그 때문에 지금까지도 많은 이들의 발길이 끊이지 않는 것이리라. 게다가 진귀한 새와 짐승이라니! 그 말이 주는 어떤 신비함 때문에 나는 자꾸만 이곳이라면 봉황이나 용과 같은 전설 속 동물이 살았을지도 모른다는 생각을 했다. 이런 아름다움이라면 충분히 그러고도 남았을 거라는 나름의 근거를 스스로에게 대면서 말이다. 이곳에는 그 정도로 고귀한 어떤 것이 있다. 그래서일까, 내가 이 도시에서 가장 사랑하는 것은 아주 솜씨 좋은 누군가가 숨을 참아가며 정확히 딱 반으로 나눠놓은 것 같은 바로 이 풍경. '동궁과 월지'의 밤 풍경이다. 물 밖의 세상이 물 안에 그대로 담기는 이곳의 밤은 금방이라도 물속에서 봉황이 솟아올라 하늘로 날아오를 듯 묘하게 환상적인 분위기로 가득하다.

　분위기에 한껏 취한 채 물가에 서서, 그저 이곳의 풍경을 멍하니 바라보고 있자니 그만 마음이 탁, 놓여버렸다. 그저 있는 그대로. 내 몸과 마음을 모두 풀어버리니 슬쩍 내 눈에 초점이 흐려지는 것이 느껴졌다. 이곳에 오기 전에 마신 경주법주막걸리의 취기가 뒤늦게 올라오는 모양이었다. 흐려진 초점은 금세 눈앞의 것들을 흐리터분하게 만들었다. 마치 연못 속에 들어앉기라도 한 듯 눈앞의 풍경이 아무렇게나 일렁인다. 취기는 모든 경계를 흐리게 하는 힘이 있다. 이것과 저것 사이에서 판단력을 어지럽히기도 하지만, 선을 그어 가두어 둔 것들을 끄집어내고 그 너머의 아련한 것들을 끌어다놓기도 한다. 달빛 아래 풀려버린 취기는 내가, 혹은 타인이 만들어 놓은 경계들을 부드럽게 뭉개어 버린다.

수면을 경계로 양쪽에 똑같이 있는 나무, 언덕, 달빛을 보며 나는 생각했다.

어쩜 저렇게 물 위에도, 물속에도 똑 같은 것들이 똑같이 있을까. 무엇이 진짜고 무엇이 그림자인지 구분이 되지 않는다. 뭍에 사는 우리에게는 땅 위의 동궁과 월지가 진짜고 물에 비친 것이 허상이지만, 물에 사는 것들에게는 그 허상이 진짜고 땅 위의 것들이 허상일 것이다. 만약 그 둘 사이에 논쟁이 벌어진다면 과연 누가 무엇이 진짜고 또 무엇이 허상인지 확실히 구분해 줄 수 있을까? 그 모습을 만약 신이 보고 있었다면, '너희 둘 다 진짜야! 이 바보들아! 왜 싸우는 거야?' 하고 황당해할지도 모르겠다.

경계란 무엇일까? 이쪽과 저쪽을 어떠한 기준에 의해 구분하는 것

이다. 그렇다면 기준이란 무엇일까? 기본이 되는 것이다. 기본이란 무엇일까? 무엇인가의 본질이다. 본질은 무엇일까? 본디부터 가지고 있는 성질이다. 사람은 처음 태어날 때 본디 가지고 있는 성질을 타고 난다. 그리고 사람의 본질은 모두가 다르게 지닐 수밖에 없다. 본질이 다르면 기본이 다르고, 기본이 다르면 기준이 다르다. 그러니까 기준과 경계는 모두에게 동일하게 존재할 수가 없는 것이다.

그런데 가끔 사람들은 자신의 기준으로 사람을 나누고, 그 사이에 선을 긋는다. "그래 네 말도 맞다" "그것도 좋은 방법이다" 하고 상대를 인정하는 사람보다는 정해진 답을 강요하는 사람들이 더 많다. 멀리 갈 것도 없이 나부터가 그렇다. '그러지 말아야지, 그러지 말아야지.' 항상 생각하면서도 어느 순간 내가 아는 나의 기준에서 벗어난 사람을 보면 순간적으로 '저 사람은 이상하다'면서 속단해 버린다. '그러지 말아야지. 그러지 말아야지' 하면서도 말이다.

최대한 연못가에 가까이 다가선다. 내가 선 오른쪽에는 차갑고 단단한 돌로 만든 벽이 있고, 왼쪽에는 차갑고 찰랑이는 물로 만든 벽이 있다.

"둘 다 아름답고, 둘 다 진짜다. 모두가 아름답고, 모두가 진짜다."

달이 두 개 뜬 밤, 이 말을 여러 번 곱씹어본다.

첨성대 할아버지

"여어. 여기가 첨성대야? 생각보다 아담하다."

"그러게 그 옛날 저 안에서 별을 본 거야?"

"신기하네. 안에 들어가 보고 싶다."

"들어가긴 어딜 들어가. 밖에서 기념사진이나 찍자!"

진이는 말이 끝나기가 무섭게 재빨리 첨성대가 잘 보이는 곳을 찾아 삼각대를 세운 뒤 먼저 포즈를 잡았고, 나는 카메라를 조작해 타이머를 맞추고는 진이 옆으로 달려가 온갖 이상한 포즈를 취하며 좋다고 낄낄거렸다. 나이는 서른이지만 마음은 언제나 열일곱인데다가 여행이 깊어질수록 점점 더 남의 시선에 의식을 하지 않게 된 우리 둘의 포즈는 갈수록 더 과감해졌다. 급기야 진이는 '내가 신라 최고의 춤꾼이오' 하며 덩실 덩실 어깨춤을 추기 시작했고, 그녀를 보며 배를 잡고

웃던 나도 슬슬 춤판에 끼어들려고 준비하는데 마침 누군가 우리에게
다가와 말을 걸었다. 커다란 카메라를 어깨에 멘 할아버지 한 분이었
다.

"아가씨들, 내가 사진 찍어줄게요."

"네?"

"거기 서 봐요. 내가 사진 멋지게 찍어줄게요."

"오! 네! 크하하!"

이미 기분이 있는 대로 고조된 우리는 다짜고짜 사진을 찍어주겠다
는 낯선 사람의 카메라 앞에 아무런 거리낌 없이 섰고, 그분이 시키는
대로 이런 저런 자세를 취해가며 피사체로서의 역할을 충실히 했다.

한참을 아무 생각 없이 렌즈를 보고 포즈를 취하다 보니, 뭔가 찍어도 너무 많이 찍는 것 같다는 생각이 들었다. 대충 어림잡아도 50컷 이상은 찍은 것 같았다. 슬슬 집 나갔던 정신이 돌아오면서 아무래도 이제 그만 찍고 갈 길 가는 게 좋지 않을까 생각하고 있는데 때마침 진이가 슬그머니 내게 다가 와 속삭였다.

"야, 근데 우리 왜 지금 저분이 하라는 대로 사진을 수십 장을 찍고 있는 거냐?"

"그러게? 어 뭔가 이상한가? 이상하지?"

"응 게다가 너무 열심히 찍으셔. 누가 보면 우리 화보 촬영하는 줄 알겠어."

"뭐지? 이거 다 찍고 막 '장당 1,000원이니까 어디 보자…… 89장! 오케이! 총 89,000원입니다 고객님' 이러면서 가방 안에서 카드 단말기 꺼내시는 거 아님?"

"에이 설마."

"그지? 아니겠지? 야 좌우지간 이제 그만 찍고 가자!"

의견을 모은 나와 진이는 할아버지께 사진을 찍어주셔서 감사하다는 말과 함께 이제는 그만 가봐야 할 것 같다고 말씀 드렸다. 그분은 흔쾌히 그렇게 하라시며 우리에게 사진을 보내줄 메일 주소를 물어보셨다(휴, 다행이다. 단말기는 안 꺼내셨다). 그리고 몇 시간 뒤 보정까지 한 훌륭한 사진 일곱 장을 메일로 보내주셨다. 메일에 쓰인 내용을 읽어보니 그분은 경주의 한 문화원에서 활동하시는 시니어 봉사단의 멤버였고, 시간이 날 때마다 봉사 활동이자 취미 생활로 경주를 찾는 사람의 사진을 무료로 찍어주고 계신 분이셨다. 나이가 들어서도 자신이 할 수 있는 활동을 활발하게 하는 멋진 분에게 단말기 같은 소리를 하다니.

아아, 나는 아직도 멀었다.

증류인간

비가 온다. 타닥타닥. 빗방울들이 널따란 마당에 촘촘히 깔려 있는 자갈 위로 떨어지며 경쾌한 소리를 낸다. 숙소 옆 고급 한옥 호텔에서 틀어 놓은 듣기 좋은 우리 가락이 고맙게도 빗속을 뚫고 내 귀에까지 들려 와 빗소리와 어우러져 한층 더 듣기 좋은 소리가 된다. 진이와 막걸리 한 잔 나눠 마시며 툇마루에 앉아 있자니 그야말로 무념무상. 마음이 더 할 수 없이 편안했다.

한참을 그렇게 앉아 있는데 한 남자 분이 우리에게 와서 말을 건넸다. 몇 번인가 숙소 안에서 마주친 분인데, 수건도 가져다주시고 불편한 것은 없느냐 묻는 것이 이곳의 주인이시거나 일하는 분이신 것 같았다(나중에 알고 보니 사장님의 남동생이었다). 간단히 인사를 드리고 이런

저런 이야기를 나누다 보니 갑자기 부탁을 하나 하자 하셨다. 뭔지는
모르겠지만 도움이 되는 일이면 기꺼이 그러겠다고 말씀 드리니 잠시
어디론가 들어갔다가 종이 몇 장을 손에 쥐고 돌아오셨다.

"저희가 최근에 간판을 새로 만들고 있는데, 아직 디자인이 확정 안
되어서 못 했어요. 오실 때 간판이 없어서 찾기 힘드셨죠?"

아닌 게 아니라 안 그래도 이곳을 처음 찾아 올 때 눈에 띄는 간판이
없어서 바로 앞에 두고 긴가 민가 하면서 한참을 서성이긴 했다.

"네에, 좀 그랬어요."

"그러니까요! 저기 입구에 커다랗게 간판을 만들려고 하는데 이게
디자인 시안이거든요? 아무리 봐도 뭔가 부족한 것도 같고 확신이 안

드네요. 한 번 보시고 의견 좀 주세요!"

디자인 시안 검토라니. 회사 다닐 때 정말 지겹도록 한 일 중에 하나
다. 그런데 몇 장의 종이에 인쇄되어 있는 간판 디자인의 시안을 보며
이런 저런 코멘트를 적고 있자니 새삼 기분이 묘해졌다. '왜 이렇게 좋
지? 마치 내 일처럼 엄청 열심히 고민하게 되는데? 재미있다?' 지겹도
록 매일 하던 일이 여행 중에 갑자기 누군가의 부탁으로 하려니 재미
도 있고, 어쩐지 몹시 뿌듯한 것이 보람도 느껴졌다.

'어머? 나 지금 무지하게 쓸모 있는 인간인 거지?'

퇴사하고 나서 내가 가장 많이 한 생각은 나라는 인간의 '쓸모'에 대
한 것이었다. 호기롭게 사표를 내고 집에 들어앉은 지 정확히 일주일
만에 나는 굉장히 불쾌한 감정을 느꼈는데 그건 바로 위축감이었다.

'혹시 내가 아무 곳에서도 필요 없으면 어쩌지?' 하는 생각. 그것만큼 사람을 비참하게 하는 감정이 없다. 내 손으로 놓아버린 일인데도 막상 종일 아무 일도 없이 집에 있는 시간이 많아지니 나는 한동안 무척이나 비참했다. 이런 이야기를 진이에게 이야기하니 그녀 또한 취업에 실패한 뒤 나와 같은 감정을 끔찍이도 많이 느꼈다고 했다. '나라는 인간이 이 세상에 쓸모없는 것은 아닐까?' 하는 거 말이다. 아무리 잘나가던 사람도, 자존감이 하늘을 찌르던 사람도 갑자기 해야 할 아무런 일도 없는 상황이 오면 이런 감정을 느낄 수밖에 없다.

그러나 세상 모든 것들이 다 그렇듯 위축감 또한 영원히 지속되지 않는다. 그러니 혹 지금 이 글을 읽고 있는 당신이 그런 감정을 겪고 있다면 안심하라. 벗어날 방법이 있으니까. 위축감은 무언가를 계속해서 함으로써 해소된다. 나는 그것을 경험으로 배웠다. 아무 일도 없는 하루가 되풀이 되자 나는 (아마도 본능적으로) 계속 뭔가를 하려고 노력했다. 그 '뭔가'는 한 번쯤 해 보고 싶었지만 시간이 없어서 못했던 모든 것이었다. 그러니까 전혀 새로운 것들을 배우고, 처음 만나는 사람과 이야기를 나누고, 기존에 하던 생각을 조금씩 바꿔나가면서 나는 서서히 위축된 내 자신을 다시 일으켜 세울 수 있었다. 지금 생각해 보면, 그때의 그 괴로움이 내게는 일종의 성장통이었던 것 같다. 우울하던 그 시간이 없었다면 아마 나는 여전히 아무것도 하지 않고 그대로 멈춰 있었을지도 모른다. 지금의 이 여행을 떠나올 수 없었을지도 모른다.

우리가 소주라고 부르는 술은 탁주를 걸러낸 맑은 술인 청주를 증류해서 얻는다. 증류를 하려면 무엇보다 먼저 술을 가열해야 한다. 알코올이 기체가 될 만큼. 그러니까 그 상태를 송두리째 바꿀 수 있을 만큼 뜨거운 열을 지속적으로 가해야 한다. 그렇게 액체가 기체가 되고 다시 액체가 되는 긴 과정 끝에 겨우 얻는 한 방울 한 방울이 모여 소주는 자신만의 진한 맛과 향을 낸다. 탁주나 청주에서 맛 볼 수 없는 증류주만의 강렬함은 뜨거운 불도 마다하지 않고 자신의 상태를 몇 번이나 바꿔가면서도 계속해서 끓어오르는 그 꾸준함, 지속성에서 나오는 것이라 생각한다. 우리가 무심코 한 입에 털어 넣는 소주 한 잔도 이렇게 그만의 성장통을 견뎌낸 저만의 가치를 보여주는데, 사람인 나도 그만큼은 해야 하지 않을까.

여행지에서 우연히 마주친 한 장의 종이 덕분에 나는 새롭게 나의 쓰임을 생각했다. 더불어 앞으로 무수히 많이 겪게 될 어려움을 모두 성장통으로 만들어 버리겠다는 다짐도 함께 했다. 환경운동가이자 작가인 콜린 베번의 책『노임팩트맨』에 나온 구절을 다시 한 번 떠올리면서.

성장통.
하지만 무슨 대안이 있을까?
성장을 멈춰버리는 것?

성장을 멈춰버리는 것?

풍류여아

불국사를 둘러보고
나오는 길, 진이와 함께
비 오는 작은 연못가의 바위
위에 우산 없이 마주 앉아
경주 법주를 마셨다.

우리가 흔히 경주 법주
라 부르는 술은 사실 크게
두 가지로 나뉜다. 바로 경
주 최씨 집안에서 10대째 이
어오고 있는 가양주인 '경주

교동 법주'와 1970년대 외국 귀빈을 접대하려고 주식회사 금복주에서 개발한 '경주 법주'다. '경주 교동 법주'는 오랜 역사와 명성을 자랑하는 만큼 전통 방식으로 빚은 누룩을 사용해 만들고 국가 지정 주요 무형문화재로도 지정되어 있다. '경주 법주'는 대량생산 체계에 맞게 특정 균을 배양한 입국을 사용해 만든다. 주식회사 금복주에서는 경주 법주 외에도 화랑, 천수 등의 다양한 청주 라인을 꾸준히 개발하여 생산하고 있다.

사실 불국사에 오기 전 경주 교동 법주를 사려고 교촌 마을에 위치한 교동 법주 제조장에 들렀는데, 묵직한 도자기병에 담긴 900밀리리터의 술을 들고 불국사 나들이를 하기에는 영 부담스러워 구매를 포기했다. 정말 맛보고 싶었는데 아쉬웠다. 그렇다고 경주에 왔는데 법

주를 안 마시고 갈 수는 없는 법, 둘 중에 하나라도 맛을 보자는 마음에 불국사 앞 슈퍼에서 파는 경주 법주를 샀다. 슈퍼에서 산 경주 법주는 한 손에 들어도 가뿐한 크기여서 우리처럼 젊고 가냘픈(?) 여성들이 나들이를 할 때 함께하기에 적합했다. 경주 교동 법주도 조금 더 다양한 용량과 포장으로 술을 마시는 사람들에게 친숙하게 다가오면 좋겠다는 생각이 들었다.

좌우지간 우리는 지금 여행을 온 것이니, 두 가지 술을 모두 마시지 못해 아쉽고 서운한 마음은 빨리 접고 순간을 즐기기로 했다. 사무실 의자도, 출퇴근길 지하철이나 버스의 의자도, 억지로 끌려간 회식 자리의 식당 의자도 아닌 평평하고 넓은 바위에 친구와 함께 앉아 술잔을 기울이는 지금 이 순간을 말이다. 수면 위로 떨어지는 빗방울을 바

라보고 있자니, 물결이 만들어 내는 무늬가 마치 작은 새의 발자국 같다. 어쩌면 보이지 않은 수많은 새들이 물 위에서 바삐 스텝을 밟으며 춤을 추고 있을지도 모른다는 생각이 드니 머리 위로 떨어지는 빗방울에서 가느다란 발가락이 느껴지는 것도 같아 웃음이 절로 났다. 우산을 쓰지 않은 것은 신의 한 수였다. 언제 내가 또 이런 곳에 앉아 절친한 벗과 함께 비를 맞으며 술을 마실 수 있을까 생각하니 이 시간이 한없이 소중하게 느껴졌다.

'풍류란 이런 것일까?' 하는 생각이 머리를 스쳤다. 풍류는 '멋스럽고 풍치가 있는 일, 또는 그렇게 노는 일'을 뜻한다. 멋스럽고 풍치 있게 놀아본 게 언제였더라? 멋스럽고 풍치 있게 노는 게 뭐지? 전혀 모르겠다. 아무래도 나는 '이 구역의 미친 X은 나다!' 하며 부끄러움도 주책도 없이 노는 것에만 익숙했지 멋스럽거나 격조 있게 노는 것과는 영 거리가 먼 사람이었나 보다. 여행을 떠나오기 전 대학 시절부터 알고 지낸 동생이 내게 했던 말이 생각난다.

"언니, 나이가 들수록 가장 필요한 건 바로 격이에요. 밥 한 끼를 먹어도 제대로 갖춰서, 술 한 잔을 할 때도 품위를 지키면서. 그게 여자가 30대에 추구해야 할 아름다운 모습인 거죠."

그렇다. 이제 편의점 앞에서 컵라면에 맥주를 마시며 온 동네 사람들에게 '내 목젖이 바로 여기 있소!' 하며 웃다가 의자에 떨어지는 20대는 잠시 접어두고, 적당한 안주와 술을 따를 잔을 갖추고 술의 맛과 향 그 자체를 즐길 수 있는 30대가 되어야 하는 것이다. 물론, 나는 편

의점 앞에 있는 야외 테이블에서 동네 친구와 함께 마시는 맥주 한 캔의 행복은 죽을 때까지 포기할 수 없을 것이다. 그러나 동시에 내가 마시는 술의 재료와 역사, 그리고 만들어진 과정을 기꺼이 공부하고, 가장 잘 어울리는 음식을 곁들여 기품 있게 즐기는 기쁨 또한 이제는 포기할 수 없다.

　바야흐로 내 인생에 풍류여아의 시대가 시작된 것이다.

　얼쑤!

동해 양조장

만드는 술	영일만 친구, 동해명주 동동주, 동해명주 막걸
지번 주소	경상북도 포항시 남구 동해면 도구리 626
도로명 주소	경상북도 포항시 남구 일월로 51-1
전화 번호	054-284-3049
홈페이지	http://www.yangjo.com/

〈동해 양조장〉은 포항을 대표하는 우리 술을 만들어 내는 명실공히 포항의 NO.1 양조장이다.

꾸준한 투자를 통해 첨단 설비와 시스템을 갖추고 있는 〈동해양조장〉에서는 각각의 특색이 살아 있는 세 가지 술을 선보인다.

독특하게 우뭇가사리를 첨가해 만드는 막걸리 '영일만 친구', 밀가루 막걸리의 명맥을 유지하고 있는 '동해명주 막걸리', 그리고 쌀 100퍼센트를 원료로 한 '동해명주 동동주'까지. 세 가지 술을 함께 마시며 그 맛을 비교해 보는 재미가 쏠쏠하다.

내 사람

　포항은 원래 계획에 없던 도시다. 그
랬던 것이 SNS를 통해 우연히 만난 인연 덕분에
짧은 여행이 급하게 결정되었다. 여행을 떠나기
전에 나는 우리 술과 관련된 사람들의 SNS 계정
을 수시로 보며 필요한 정보를 익히고 있었다. 그
러던 중 집에서 가까운 곳에서 전통주 시음회가
열린다는 소식을 듣고 그곳을 찾은 적이 있다. 그
때 내 바로 앞에 어디서 많이 본 사람이 앉아 있었
는데, 그 사람이 바로 내가 가장 즐겨 보던 SNS
계정의 주인이었다. 나도 모르게 반갑게 아는 체

를 하고 보니 우리는 실제로 본 적이 없었다(나는 그분 사진을 하도 봐서 마치 매일 본 것만 같았다. 물론 그분은 많이 당황하시는 눈치였다). 그렇게 잠시 어색한 인사를 주고받았지만 금세 서로 즐겁게 대화를 나누었고 그 뒤로 한 번 정도 더 만나서 함께 술잔을 기울였다. 그렇게 단 두 번 얼굴을 마주한 분이 나와 진이의 여행을 위해 포항에 있는 동해 양조장이라는 곳을 추천해주시고, 직접 미리 연락까지 해주셨다. 참으로 감사한 일이었다.

　학교에 다닐 때는 친한 친구와 거의 매일을 붙어 다닌다. 그러다 각자 다른 대학에 가고, 직장에 들어가 점점 공통의 관심사가 적어지면 친했던 친구들과도 자연스럽게 멀어지게 된다. 회사를 다닐 때는 직장 동료들과 둘도 없는 친구처럼 지냈지만, 퇴사를 하고 나니 다시 그

들과 멀어지고 있음을 느낀다. 어릴 때는 이런 것들이 서운해서 어떻게든 다시 가까워지기 위해 노력해보기도 했었는데 이제는 그럴 일이 아니라는 것을 안다. 꼭 하루가 멀다 하고 만나거나, 어디든 붙어 다녀야만 소중한 관계인 것은 아니라는 걸 알게 되었기 때문이다. 뿐만 아니라 1년에 한 번 만나는 사람들, 온라인에서 만난 사람들, 최근 새롭게 만나 아직 잘 모르는 사람들도 충분히 내게 가치 있는 인연이 될 수 있다는 것도 알게 되었다. 그러니까 최근에는 만나고 헤어지고, 가까워졌다 다시 멀어지는 것에 조금쯤 초연해지는 스스로를 느낀다.

아이유가 예전에 TV에 나와서 이런 말을 한 적이 있었다.

"어설픈 사람은 없느니만 못하다."

자신에 대해 아주 잘 알거나, 전혀 모르는 사람보다 어설프게 아는 사람들이 꼭 자신에 대해 많은 말을 한다면서 말이다. 그래서 그녀도 누군가 어떤 사람에 대해 이야기해도 그 말에 휘둘리지 않고 자기가 정말 좋아하는 사람이면, 그 사람에 대해 자기가 아는 모습만 믿으려 한단다. 그녀는 그래서 그 믿음만 있으면 '내 사람'이라고 생각한다고 했다.

그러자 그 말을 들은 신동엽이 이렇게 말했다.

"그때는 그럴 수 있는데 영원히 그러면 안 돼요. 왜냐하면 언제 어디서 그 사람이 어떤 방식으로 나에게 도움을 줄지 몰라요. 내가 생각할 때 저 사람은 어설픈 사람이라고 생각했는데 내 판단이 잘못되는 경우도 있어요. 지금은 그렇게 생각할 수 있지만 나중에는 두루두루다 잘 지내는 게 좋아요."

옆에서 김구라는 힘들 땐 생각지도 못한 어설픈 사람들이 도와준다고, 뒤통수치는 건 꼭 가까운 사람들이라고 거든다.

그 장면을 보면서 문득, 대학생 시절, 그러니까 딱 아이유 정도의 나이일 때의 내가 생각났다. 내가 어릴 때 정말이지 아이유하고 똑.같.은. 생각을 한 것 같다. 마음속으로 내 사람이라고 생각하는 지인들과, 아니라고 생각하는 지인들을 구분해두고, 내 사람이라고 생각한 사람들은 굳게 믿고 끝도 한도 없이 퍼주었다. 지금도 가끔 지인들의 SNS에 '내 사람들'이라는 표현이 보이는 걸 보면, 어릴 적의 나와 아이유만 저런 생각과 행동을 하는 건 아닌 것 같다. 대부분의 사람이 한 번쯤은 충분히 할 수 있는 생각일 것이다.

그러나 이제 나는 신동엽의 말이 더욱 마음에 남는다. 이번 포항 여행처럼 생각하지도 못했던 사람에게서 큰 호의와 도움을 받으면서 깨달은 것은 단 하나.

어설픈 사람도, 없느니만 못한 사람도 없다.
그런 사람은 없다는 믿음을 가지고.
끝없는 긍정으로 관계를 맺으며 살아야 한다.

지금 우리의 술

여행을 시작하기 전, 내 안 어딘가에 '전통주-오래됨-늙음'이라는 연결고리가 있었던 모양이다. 그래서 '양조장'이라는 단어를 들었을 때도 왠지 모르게 나이 많으신 분이 개량한복을 입고 가마솥에 불을 붙이는 모습을 상상했다. '공장장'도 마찬가지.

그래서 '동해양조장' 앞에서 우리를 맞이한 공장장님이 젊고 훈훈한 남자였을 때 나는 적잖이 놀랐다. 그러고 보니 그동안 방문한 양조장 사람들은 내 생각보다 다들 무척 젊었다. 홍천 '예술'에서 귀를 씻고 싶어 했던 팀장님도, 오메기술과 고소리술을 만드는 '제주샘주'의 아름다운 실장님과 상큼한 과장님도, 그리고 오늘 처음 만난 '동해양조장'의 공장장님까지……. 모두 내 예상보다 젊고, 활기가 넘쳤다. 내가 만난 분들은 하나같이 전통적인 제조 방식을 지키는 것과 동시에 발전의 가능성을 꾀하고, 기존의 오래된 상품 디자인과 브랜딩에 혁신을 주도하고, 적극적인 마케팅 활동으로 소비자들에게 더 가깝게 다가오고자 많은 노력을 하고 계셨다. 전통주는 지금 젊은이들을 중심으로 변화하고 있는 것이다. 어쩌면 가장 오래되고 늙은 건 전통주에 대한 내 생각이었을지도 모르겠다.

오래되고 늙은 생각을 거두고 다시 전통주 시장을 보니 과연 달리 보였다. 전통주 시음회에 내 또래의 사람들이 절반 이상을 채우고 있다거나, 홍대에서 대학생 주도 하에 전통주 파티가 열린다거나 하는 것들이 그렇고. 젊은 여성들이 이태원에서 프리미엄 막걸리 병을 들고 사진을 찍어 SNS에 올린다거나, 대한민국 최초의 클럽용 전통주까지 나와 있는 걸 보면 그렇다. 우리 술은 끊임없이 새롭게 개발되고, 복원되고, 많은 이들이 그것에 관심과 애정을 가지고 있었는데 내가 몰랐던 거다. 그냥 그동안

'이건 내가 마실 술이 아니다' 라고 생각해 덮어놓고 무관심 했던 거다.

'전통주는 오랜 전통과 역사가 있는 우리 술이니, 나이가 어느 정도 있는 사람들이 즐기는 것이다' 혹은 '젊은 사람들은 그 맛을 제대로 모른다'라는 생각은 오래되고 늙은 생각이다. 전통과 역사는 현재를 살아가는 사람들이 다시금 지키고 이어가야 하는 것이다. 그러니 지금 우리나라에서 만들어지고 있는 우리 술은 오늘을 살아가는 모든 사람들이 즐길 수 있어야 한다. 게다가 마음만 먹으면 세계 어떤 나라의 음식도 맛볼 수 있는 세상에서 나고 자란 요즘 젊은 사람이 '맛'을 모를 거라는 생각에는 더욱 동의할 수 없다. 오히려 새로운 맛에 더욱 열렬한 호기심을 가지고 냉정한 평가를 할 수 있다는 생각이다.

내가 전통주 여행을 하겠다고 말했을 때 주위 반응을 떠올리면, 여행을 준비하기 전의 나처럼 생각이 늙은 사람이 많은 것 같다. '젊은 여자 둘이 전통주라니! 특이하다! 놀랍다!'는 수많은 사람들의 반응은 그만큼 '젊은, 여자, 전통주'의 조합이 생소하다는 뜻이니 말이다. 사람들이 '전통주'를 무턱대고 고리타분한 것, 해묵은 것, 아저씨나 할아버지들이 마시는 것으로 생각하지 않았으면 좋겠다. 그렇다고 우리 것이니까 무조건 좋은 것, 한약 냄새가 싫지만 괜히 고상한 척 마셔야 하는 것으로도 생각하지 않았으면 좋겠다. 그냥 모든 편견을 걷어낸 뒤 오롯이 그 맛과 향을 즐겼으면 좋겠다. 도시에 사는 많은 젊은 사람들이 더 쉽게 더 많은 전통주들을 접할 수 있는 기회가 생겼으면 좋겠다. 그래서 맛있는 건 맛있게 마시고, 맛없는 건 안 마실 수 있을 정도의 자연스러운 환경이 조성되었으면 좋겠다. 그렇게 우리 술이 우리에게 조금 더 친근하고 익숙해지기를 바란다. 전통주가 옛날 옛적의 술이 아니라 지금 우리의 술이 되기를 진심으로 바란다.

좋은 술
나쁜 술
이상한 술

진이의 주량이 늘었다.

맥주 한 잔에도 얼굴에 불이 나던 그녀였는데,

지금은 혼자서 소주 한 병 정도는 가뿐하다.

여행이 끝나갈 무렵에야

내게 '이제 술 맛을 좀 알겠다' 수줍게 말하던 그녀가

대뜸 세상에는 세 가지 종류에 술이 있는 것 같단다.

좋은 술, 나쁜 술, 이상한 술.

내 손으로 마시면 좋은 술

억지로 마시면 나쁜 술

마셔도 마셔도 안 취하면 이상한 술

세상만사 모든 삶의 비밀도 저 속에 있는 것 같다.

똥물을 마셔도 내가 마시고 싶어서 들이키면 즐겁고 좋은 거고,

금물을 마셔도 남이 억지로 시켜서 삼키면 독약이 따로 없다.

내가 하고 싶은 일, 내가 만나고 싶은 사람도 모두 똑같다.

마셔도 마셔도 계속 마시고 싶은 좋은 술.

해도 해도 또 하고 싶은 좋은 일.

봐도 봐도 또 보고 싶은 좋은 사람.

그러니까 질리지도 취하지도 않는 그것들을 찾아낸다면

내 인생도 좋은 인생이 될 것 같다.

이상하게 좋아질 것 같다.

너무 좋아서 이상할 것 같다.

술은 어떻게 구별하지?

우리술을 구분하는 명칭이 어렵다구요?

제가 한번 설명해 드리겠습니다!

 탁주도 청주도 소주도 모두 한 항아리에서 시작해요.

이 이야기를 시작할 때 빠질 수 없는 용수 ☞ * 싸리나 대나무로 만든 긴 통

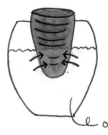

잘 익은 술에 용수를 폭, 꽂아두면
틈 사이로 맑은 술이 걸러지게 돼요.
이 맑은 술을 바로 청주, 또는 약주라 불러요.

이렇게 걸러지고 남은 술이 탁주!

탁주 ⊕ 💧물 = 막걸리

물로 냉각

소줏고리

밑솥

잘 익은 술을 밑솥에 넣고
소줏고리를 올리고 증류하여 얻는 술이
소주.

증류해서 얻어서 증류주라고도 불러요.

경진's Pick

탁주

개도 막걸리

술을 잘 못 하는 사람들이 가볍게 즐기기 좋은 막걸리다. 풍부한 달콤함과 적당한 새콤함 덕분에 '술'이라는 생각이 덜 난다는 게 개도 막걸리의 매력. 개도에서 오전 7시에 반주로 마셨는데도 꿀떡꿀떡 잘 넘어갔던 기억이 강렬하게 남아 있는 내 마음 속 NO. 1 막걸리! 부담 없는 동네 친구들이랑 수십 병 쌓아놓고 푸짐한 안주와 함께 광란의 파티를 하고 싶을 때, 나는 주저 없이 개도 막걸리를 선택할 것 같다.

백설공주(이화주)

처음 이 술을 맛 봤을 때, 그냥 이 세상에 '떠 먹는 막걸리'가 있다는 사실 자체가 굉장한 충격이었다. 많은 사람들이 이화주를 요거트 같다고 이야기하는데, 부드럽고 상큼한 것이 정말로 딱 그런 느낌이다. 술병도 귀여운 유리병이라 고급 수제 요거트 같기도 하고 베이커리에서 파는 우유푸딩 같기도 하다. (어머 이거 너무 귀엽잖아!) 게다가 이름도 무려 백설공주!!! 공주!! 장담하는데 이 술을 싫어할 여자는 대한민국에 아무도 없다.

지평 막걸리

내게 쌀 막걸리와 밀 막걸리 맛이 다르다는 것을 처음으로 알게 해 준 매우 인상 깊은 술이다. 지평 막걸리는 쌀로 만든 파란 라벨의 '지평 생 막걸리'와 밀로 만든 분홍 라벨의 '지평 옛 막걸리' 이렇게 두 가지 종류가 있다. 술에 있어서는 초딩 입맛(?)을 자랑하는지라 달고 탄산이 많은 '지평 생 막걸리'를 선호한다(막걸리에 사이다를 섞어 마시는 이유 같은 이유랄까……). 달지 않고 새콤한 맛을 더 좋아하는 사람에게는 '지평 옛 막걸리'를 추천한다!

청주(약주)

동몽

세상에 '동몽'이라니. 같은 꿈을 꾸다니. 이 술, 이름부터 낭만적인 것이 마시기도 전에 소녀 감성인 내 마음을 사정없이 끌어당긴다. 청주라고는 술집에서 쉽게 접할 수 있는 값싼 일본식 맑은 술만 마셔본 내게 묵직하고 밀도감 있는 동몽은 잘 빚은 한국의 청주가 어떤 것인지 그 맛으로 확실히 보여주었다. 찹쌀로 만들어서 그런지 혀에 찰싹 찹쌀 찰싹 찹쌀 감기는 게 아주 그냥 매력이 폭발한다. 같은 꿈을 꾸고 있는 사람들, 혹은 같은 꿈을 꾸고 싶은 사람들과 함께 마시고 싶은 술이다.

솔송주

솔 향기를 무척 좋아한다. 고등학교 때 친구들이 다 코카콜라를 마셔도 나는 꿋꿋하게 솔의 눈을 마셨을 정도! 하하하! 그런 내게 은은한 솔 향기가 피어나는 솔송주는 늘 집에 두고 생각날 때마다 반주로 즐기고픈 술이다. 내가 생각하는 솔송주의 가장 큰 매력은 '산뜻함'이기 때문에 개인적으로 차갑게 해서 마시는 것을 좋아한다. 가볍고 청량하면서 상쾌한 맛을 좋아하는 사람이라면 솔송주를 강력하게 권하고 싶다. 한 모금 마시는 순간 눈에서 하트가 뿅뿅 나올 것이다.

자희향

삼성 이건희 회장이 신년회 건배주로 사용하는 것으로 유명한 자희향은 '스스로 향을 즐기다'라는 이름에 걸맞게 특유의 달콤한 국화향이 일품이다. 알코올 도수가 15도인데도 어쩐지 전혀 그런 게 느껴지지 않아서 자꾸 마시다 보면 뒷일은 나도 모르겠다. 아잉, 난 몰라잉. 안전하게(?) 마시고 싶다면 친한 여자친구들과 함께 샐러드나 치즈 같은 가벼운 음식과 함께 즐겨보자. 친구들이 어쩜 넌 이리도 센스가 넘치냐며 물개 박수를 쳐 줄 것이다.

증류주

이강주

이강주는 배와 생강, 그리고 꿀맛까지 어우러진 제법 익숙한 맛이다. 도수가 높은 술에 대한 두려움(?)이 있었는데 이강주의 익숙함과 달콤함이 나의 그런 두려움을 싹가시게 했다. 거의 인생에 있어 처음으로 '어? 맛있네?'하고 생각한 증류주가 아닐까 싶다(그 전에는 다 으악 써! 으악 뜨거워! 였다). 그럴 리 없겠지만 몸이 안 좋을 때 마시고 한 숨 푹 자라며 엄마가 정성껏 만들어 한 잔 건네는 술 같은 느낌이 이강주에는 있다. 힐링이 필요한 날, 이강주 한 잔이면 몸도 마음도 따스해질 것이다.

고소리술

고소리술은 일단 소주고리 모양의 병을 보는 순간 소장 욕구가 샘 솟는다. '몰라 귀여우니까 일단 사자~ 꺄악~' 이러고 나서 보니 도수 무려 40도! 술을 잘 못 하는 나는 스트레이트로 마시는 것 보다는 유자청과 얼음을 넣고 시원한 칵테일처럼 마시는 걸 더 좋아한다. '나는 도수 높은 술도 문제없다!' 하는 사람들은 진한 다크 초콜릿과 함께 즐겨 보자. 의외의 궁합에 깜짝 놀라게 될 것이다.

감홍로(甘紅露)

춘향이가 한양으로 떠나는 이몽룡을 붙잡기 위해 마신 술이자, 별주부전에서 용궁에 가면 감홍로가 있으니 거기 가서 한 잔 더 하자며 토끼를 꾀어낼 때 등장하는 술이다. 이름처럼 달고 붉은 이 술은 그러니까 이 땅의 역사 깊은 '작업주'라고 볼 수 있다. 오늘 밤 당신의 그 사람이 감홍로를 권한다면, 엄마에게 미리 전화를 하고 마시자. "엄마 나 오늘 야근이라 많이 늦어요. 기다리지 말고 먼저 자요."

별's Pick

탁주

만강에 비친 달

개인적으로 단호박을 굉장히 좋아한다. 그런데 이 만강에 비친 달에는 단호박이 들어갔다. 안 좋아할래야 안 좋아할 수가 없다. 동그란 잔에 따라놓고 보면 빛깔부터 뽀얗고 노란 것이 이름 그대로 탐스럽게 뜬 보름달 같아 마시기도 전에 눈이 벌써 호강을 한다. 그 어떤 감미료도 없이 이렇게 기분 좋게 새콤하고 감미로운 맛을 만들어 낼 수 있다는 것이 그저 경이로울 뿐이다.

우곡주

우곡주는 탄산이 없고 부드러운 맛이 특징이다. 일반 탁주와 비교했을 때 그 밀도가 굉장히 높고, 걸쭉한 질감을 가지고 있어 뭔가 새로운 탁주를 경험해 보고 싶은 사람들에게 추천한다(도수도 13도로 높은 편이다). 상큼한 사과 향과 함께 달콤함과 쌉쌀함까지 느껴져 입 안에 복잡한 여운이 오래 남는다. 우곡주는 고급스럽고 품위가 느껴지는 술이라 선물용으로도 좋다. (아버지께 선물해 드렸었는데 굉장히 좋아하셨던 기억이 있다.)

고택찹쌀생주

탁주라고 걸쭉한 막걸리만 있는 것은 아니다. 고택 찹쌀 생주는 탁주로 분류되지만, 맑은 청주 느낌의 술이다. 멋스럽게 종이로 쌓여있는 뚜껑을 열면 달콤하고 새콤한 향이 먼저 코를 사로잡는다. 첨가물 없이 찹쌀로만 빚어서 그런지 쫀득한 감칠맛이 굉장히 훌륭하다. 무엇보다 병에 '소량으로 매일 마시면 건강에 좋습니다.'라고 써 있는 점이 무척 마음에 든다. 그렇다. 술은 건강에 좋다.

청주(약주)

매실원주

더한에서 만든 매실원주는 '그 동안 내가 마신 매실주들은 다 뭐였지?' 하는 생각이 들게 한 매실주이다. 알고 보니 매실원주의 그 뛰어난 맛과 향은 국내 유일 매실주 100퍼센트로 담근 매실주이기 때문에 가능한 것이었다. (다른 매실주들을 매실원주에 기타 과실주를 섞는다고 한다.) 향긋하고 가볍고 상큼하고 달콤한 것이 여자들이 딱 좋아하는 바로 그 맛! 특히 여름에 차갑게 해서 마시거나 온더락으로 마시면 더위와 피로가 싹 가신다.

대통대잎술

대통대잎술은 담양 추성고을의 명주로 유명하다. 다양한 한약재를 넣어 만든 술을 대나무통에 넣어 2차 발효시키는 게 이 술의 가장 큰 특징인데, 그래서 술이 담긴 병도 유리나 도자기가 아닌 길쭉한 대나무 통이다. 독특한 건 그 대나무 통에 입구가 없다는 것. 대통대잎술을 마시기 위해서는 망치 같은 도구로 통의 윗부분에 직접 구멍을 뚫어야 한다. (사실 나는 이 부분이 정말 재미있다!!!) 향긋한 대나무의 향과 깔끔한 맛을 자랑하는 대통대잎주는 여러 명의 친구들과 함께 모여 왁자지껄 마시고픈 술이다.

허니와인

술 이름이 영어라서 고개를 갸우뚱할 수 있겠지만, 허니와인은 국내산 벌꿀로 경기도 양평에서 만드는 우리 술이다(우리술품평회에서 2012~2013년 2년 연속 대상을 받았다). 맛은? 당연히 꿀맛이지! 꿀이 살짝 첨가된 술이 아니라, 꿀을 발효시켜 만든 술이라는 거! 도수는 8도로 부담 없이 즐기기에 좋고, 과하지 않은 달콤함 덕분에 마셔도 마셔도 질리지 않는다. 연인과 데이트할 때, 특별한 기념일에, 이 허니와인 한 병이면 더욱 로맨틱한 시간을 가질 수 있다.

증류주(소주)

죽력고

'약주 중의 약주'라고 불리는 죽력고는 녹두장군 전봉준이 모진 고문을 받고 나서 마시고 기운을 차렸다는 일화로 아주 유명한 술이다. 몸에 좋은 약인데, 입에도 안 쓰다. 죽력고를 마시면 적당히 달콤한 맛이 부드럽게 혀를 감싸고, 상쾌한 대나무 향이 콧속까지 가득 채워져 기분이 좋아진다. 나는 기력이 달리는 날 뜨끈한 삼계탕에 이 죽력고 한 잔이면 게임 끝이라고 생각한다.

진도홍주

진도홍주는 일단 색이 너무 곱다. 투명한 잔에 담아두고 계속 바라보고 싶은 보석 같은 붉은색이 마시기 전부터 이미 큰 즐거움을 준다. 40도라는 굉장히 높은 도수임에도 강렬한 향기로움 덕분에 전혀 그렇게 느껴지지 않는다. 조금 달콤하기까지 하다. (믿기 힘들겠지만 나는 처음 진도홍주를 마셨을 때 어릴 때 먹었던 딸기 맛 감기약 시럽이 생각났다.) 도수가 높다고 쫄지 말고 작은 잔에 따라서 아주 조금씩 천천히 그 맛을 음미해 볼 것을 권한다.

미르

막연하게 '하얗고 도수가 높은 술은 쓰고 독하고 맛이 없다'는 생각을 가지고 살아왔다. 아마도 그 동안 억지로 마신 수많은 소주 때문일 것이다. 그리고 그 생각은 미르가 보기 좋게 깨부수어 주었다. 미르를 마시고 나는 '술이 고…… 고소하다?'라고 처음 생각하고 말았다. 곡물과 누룩이 발효하여 내는 좋은 향이 어떤 것인지 궁금하다면 미르를 한 번 마셔보자. 22도, 40도, 54도로 총 3종이 있으니 취향과 주력酒力(?)에 따라 선택하여 마시면 된다.

서른의 맛 by 별

여행은 무사히 끝이 났다.

하루도 거르지 않은 음주와 10킬로그램이 훌쩍 넘는 배낭, 그리고 고된 일정에도 거뜬하게.

우리는 무사히 서울로 돌아 왔다.

뭣도 되지 못했던 서른의 우리에게 남은 것은 7개 도시, 40종에 달하는 우리 술에 대한 추억과 이 한 권의 책이다. 이제는 서점에 꽂혀 있는 책 제목들과 대화를 하다 나와 진이가 정성으로 빚어 놓은 책을 만날 수도 있겠다 생각하니 가슴 한 구석이 어쩐지 싸르르하다. 책을 쓰면서 퇴사 후 (내가 자처한 것이지만) 갑작스러운 환경 변화에 길을 잃고 헤매던 나는 '글'이라는 한 줄기 빛을 얻었고. 번번히 회사로부터 불합격 통보를 받아야 했던 진이는 아버지와 함께 새로운 일에 도전하기 위해 스스로 회사를 차렸다. 물론 '그림'이라는 삶의 활명수도 이제는 그녀 곁에 있다.

그런데 여기서 반전. 그래도 여전히 우리는 답답하다. 우리 술을 마시며 다녔던 여행은 서른의 체기를 완벽히 가시게 해주지는 못했다. 여행 한 번 다녀왔다고 해서 갑자기 삼십 년 동안 먹은 나이를 모두 소화시켜버린다는 것은 애당초 기대할 수 있는 일이 아니었다. 내가 내 이름으로 된 책 몇 권을 세상에 내놓는다고 떼돈을 벌게 될 것도, 진이가 자신이 그림 그리는 걸 좋아한다는 사실을 알았다고 곧바로 유명작가가 될 수 있는 것도 아니라는 생각. 그런 생각을 우리는 하고 있다.

"넌 세계 최고의 글을 쓰고오~"

"너는 우주 최고의 그림을 그려서어~"

"잘 먹고!"

"잘 살자!"

"만세 만세 만만세!"

하면서 손을 마주 잡고 방방 뛰기에 우린 너무 서른이나 먹었다. 그러나 어쩌면. 어쩌면 오히려. 글로 부자가 될 것도, 그림으로 세계적인 명성을 얻게 될 것도 아님을 알기에 우리의 서른이 더 멋진 게 아닐까 나는 생각한다. 여행을 통해 만났던 수많은 사람들. 그러니까 많은 돈을 벌지 않아도, 또 많은 사람들이 몰라주더라도, 묵묵히 쌀을 씻고 밥을 지어 아름다운 술을 빚어내는 사람들은 분명 그 어떤 보석보다 빛났기 때문이다.

영화 〈월터의 상상은 현실이 된다〉에는 웬만해서는 사람들 눈에 그 모습을 드러내지 않는 히말라야의 눈표범을 카메라에 담기 위해 긴 시간 동안 산 속에 앉아 그를 기다리고 있는 한 사진가가 등장한다. 그러나 그 사진가는 긴 기다림 끝에 만난 눈표범을 보고 끝내 셔터를 누르지 않는다. 아름다운 순간이 오면 카메라도 그저 방해물일 뿐이라고. 그러니 그저 그 순간 속에 머물고 싶다는 말을 하면서 말이다. 그러면서 'Beautiful things don't ask for attention. 아름다운 것들은 관심을 바라지 않는다'라는 멋진 말을 남긴다. 여행 속에서 알게 된 우리 술을 만드는 사람들은 바로 그 눈표범이었다. 아름다운 사람들은 사람들의 관심과 인정을 바라지 않는다. 그저 묵묵히 자신의 길을 간다. 그런 사람들을 보는 우리가 해야 할 일은 그저 함께 머무르는 것이 전부일 지도 모르겠다. 그들이 만들어낸 귀한 맛과 향을 즐겁게 음미하면서 말이다.

결국 나의 서른도 별 다를 것이 없다. 바라지 않으면서 그저 아름답게 존재하면 되는 것이다. 채 가시지 않은 체기가 기필코 가라앉을 수 있도록. 내게 주어진 시간을 천천히 꼭꼭 씹으면서 오직 나만이 가질 수 있는 맛과 향을 즐기면 되는 것이다. 우아한 한 마리의 눈표범처럼.

서른의 걸음 by 진

"껄껄껄 하지 말고 살아. 해볼걸, 가볼걸, 먹어볼걸. 껄껄껄 할 땐 늦어. 하고 싶을 때 하는 거야"

엄마가 했던 말이 새삼 가슴에 와 박히는 서른이 되었다. 스무 살 무렵에 막연히 기대했던 멋진 서른은 없었다. 대신 아직도 어른아이인 채로 껄껄거리는 일이 가득한 서른의 내가 있었다. 그런 내가 싫어 떠난 여행에서 나는 만나고 싶던 사람을 만나고, 맛보고 싶던 술을 맛보고, 해보고 싶던 도전을 했다. 그리고 여행이 끝날 무렵 오래도록 가슴에만 품고 있던 '그림'이라는 꿈을 꺼냈다. 더 이상 껄껄거리지 않기 위해서.

물론 꿈꿔왔던 그림을 그린다고 삶이 드라마틱하게 행복해지진 않았다. 여전히 먹고 살기 위한 문제로 발을 동동 굴러댔고, 그림은 짬을 내서 그려야 했다. 전문적으로 배워본 적 없었기에 언제나 실수투성이였고, 수없이 때려치우고 싶었으며, 그려놓은 그림을 볼 때마다 좌절하는 시간의 연속이었다. 삽 자루 하나 달랑 들고 63빌딩을 짓는 느낌이었다.

그럼에도 불구하고, 그 모든 시간이 괴로운 시간만은 아니었다. 그냥 계속 껄껄거리며 주저앉아 있었다면 끝내 붓을 들지 못했을지도 모른다. 그런데 나는 어쨌든 그렸다. 그것만으로도 나는 스스로를 예전보다 괜찮은 사람이라 느낄 수 있었다. 그리고 더 멋진 사람이 되기 위한 다음 걸음을 뗄 원동력을 가지게 되었다. 예전에는 생각해보지 못했던 그 다음을. 나의 서른을 나답게 만들어 갈 그 다음 걸음들이 기대된다.

상호명	주소	전화번호
우리술상 대치점	강남구 대치동 626	02-3445-0103
달밤	강남구 논현동 147-17	02-514-8000
도연하다	강남구 도곡동 514-4	02-579-9939
헬렌스 키친	강남구 삼성동149-31	02-539-6067
달빛술담 문자르	강남구 신사동 644-19	02-514-6118
드슈	강남구 신사동 540-19 B1	02-514-2014
묵전	강남구 신사동 645-11	02-548-1461
베러댄비프	강남구 신사동 514-9	02-3446-0400
세막 신사점	강남구 신사동 517-30	02-515-7077
세막 역삼점	강남구 역삼동 814-5 2F	02-3452-7077
조선초가한끼 삼성점	강남구 삼성동 120-8	02-538-0835
월향 신사점	강남구 신사동 547-2 2F	02-545-9202
수불 서래마을본점	서초구 반포동 88-6 영창빌딩	02-3478-0866
소불 삼성파르나스점	삼성동 159-8	02-3453-1598
느린마을양조술펍 양재본점	서초구 양재동 67-2	02-579-7710
느린마을양조술펍 강남점	서초구 서초동 1316-28 우송빌딩 지하1층	02-587-7720
주막	강북구 미아동 54-259	070-7607-1680
팔도주막	동대문구 휘경동 269-20	02-3390-4688
맛거리	강서구 화곡3동 1065	02-2602-9997
막걸리이야기	관악구 남현동 1058-18	02-588-1516
잡	관악구 낙성대동 1603-15	02-6403-4424
유부보따리	금천구 가산동 371-6	02-855-8255
막걸리학교	동작구 사당동 144-16	02-6012-6550
조선초가한끼	마포구 대흥동 802 대흥 세양아파트 상가 1층	02-712-0080
아이엠막걸리	마포구 동교동 153-30	070-8249-3225
가제트술집 합정본점	마포구 합정동 375-1	010-3724-7850
가제트술집 합정2호점	마포구 합정동 381-64	02-322-4653
가제트술집 상수점	마포구 상수동 324-7	02-323-0232
가제트술집 원효로점	용산구 원효로1가 46-6	02-6084-6784
무명집	마포구 상수동 329-7 2F	02-323-2016
가락	마포구 상암동 42-14	02-303-0908
다님길	마포구 서교동 330-39	02-322-2066
따루주막	마포구 서교동 339-1 B1	02-325-3322
로칸다 몽로	마포구 서교동 37-20 B1	02-3144-8767
막걸리싸롱	마포구 서교동 358-92 2F	02-324-1518
막걸리싸롱 신촌점	서대문구 창천동 5-36 2F	02-313-1528
얼쑤	마포구 서교동 331-13 2F	02-333-8897
월향1호점	마포구 서교동 335-5 2F	02-3144-0922
월향2호점	마포구 서교동 352-23	02-336-9202
월향 이태원점	용산구 한남동 682-13	02-794-9202
하와이언막걸리	마포구 서교동 330-19 B1	02-3144-7348
해술달술	마포구 서교동 346-18 2F	02-322-4742
김박사 손칼국수	마포구 용강동 43-5	02-714-2245
이박사의 신동막걸리	마포구 용강동 494-41	02-702-7717
뉴욕막걸리	마포구 서교동 394-20	010-3130-4532
세발자전거	마포구 합정동 426-1	070-4196-5224
물뛴다	서대문구 충정로3가 3-12	02-392-4200
수불 과화문점	종로구 도렴동 65	02-6262-0866
다모토리	용산구 용산동2가 44-18	070-8950-8362
모우모우	용산구 이태원동 118-71	070-4078-8862
오구작작	용산구 이태원동 34-55	02-749-5922
누룩나무	종로구관훈동 1 1 8 - 1 9	02-722-3398
포도나무집	종로구 관훈동 118-32	02-722-8880
푸른별주막	종로구 관훈동 118-15	02-734-3095
두두	종로구 동숭동 130-24	010-9119-1884
서피동파	종로구 명륜4가 47-4	02-766-3007
수라막	종로구 명륜4가 155	02-742-1006
7PM	종로구 통인동 137-11 2F	02-730-3777
누룩플러스	중구 명동1가 38-1 포커스빌딩 7F	02-772-9555
느린마을양조술펍 센터원점	중구 수하동 67 미래에셋센터원빌딩 2층	02-6030-0999
자희향	중구 정동 22	02-722-3456

주요품목	비고
모듬전/오징어순대/국순당제품	도곡역부근
나폴리롤/약주,안동소주,팔도막걸리,사케,소주,맥주	모던주막/산정호텔부근
도가니요리/화요,매실원주,지평막걸리	한식주점/양재전화국사거리
토하젓수육쌈/팔도막걸리 중 매일 추천 막걸리 제공	코엑스부근
달빛족발/팔도막걸리,칵테일막걸리	압구정로데오/모던막걸리바
된장칼국수,너비아니 춘권튀김/전통주칵테일,문배주,면천두견주 등	가로수길/테이스티 로드
시골장터모듬전,도마보쌈/팔도막걸리	압구정로데오/막걸리주점
다크나이트(2인)/팔도막걸리	신사역 부근/퓨전레스토랑
감자튀김 닭볶음탕/전통주칵테일,칵테일막걸리,하얀연꽃막걸리	
명이보쌈/팔도막걸리	식사가능,조선시대 기물
차돌짬뽕탕/조선3대명주,탁주,약주	
제철메뉴/우리술	퓨전한정식
제철메뉴/우리술	퓨전한정식
501느린마을플래터/배상면주가	
해물지지미,그대로 감자전/팔도막걸리	미아사거리 근처
해물파전,매콤닭발/팔도막걸리	회기역부근
모듬젓갈두부/팔도막걸리	화곡역 7번출구/매달 시음회
꼬막/송명섭막걸리	
팔도막걸리	막걸리카페/서울대입구역
특선모듬어묵탕/팔도막걸리	가산디지털단지
감자전/팔도막걸리	이수역
명이보쌈/팔도막걸리	식사가능,조선시대 기물
감자전/팔도막걸리	
가제트전찌개/팔도막걸리	
	상수역 4번출구
가정식술상/배상면주가 주류	상수역 3번출구
김치보쌈,멍게비빔밥/팔도막걸리	
골뱅이소면,리얼파전/팔도막걸리	
렌틸콩알밥,핀란드칼국수/팔도막걸리	미녀들의수다 따루 운영
제철메뉴로 변경/화요같은 전통증류주 외 해외 주류	박찬일쉐프/일요일 휴무/무국적 주점
매운양푼골뱅이/막걸리무한리필,팔도막걸리	
매달 제철메뉴로변경/조선3대명주,약주,탁주	한식주점
차돌짬뽕탕/조선3대명주,탁주,약주	한식주점
하와이언부침개/팔도막걸리	샘플러 선택가능
오마카세식안주/팔도막걸리	화학조미료를 쓰지 않는 집
보쌈,해물파전/팔도막걸리	마포역1번출구
육전,제철메뉴/우리술,싱글몰트,신동원주,사케	
오징어순대./팔도막걸리	
새우겨자냉채/팔도막걸리,우리술	
통두부구이,수육보쌈/우리술,팔도막걸리	수수보리 아카데미 출신자들/브레이크타임있음
제철메뉴/우리술	퓨전한정식
갈비구이,감자전/팔도막걸리	녹사평역
감자전,골뱅이무침/과일막걸리	이태원역/막걸리&와인
	용산구청 왼편
제철메뉴/팔도막걸리, 세븐브로이맥주	한옥/안국역
골뱅이무침,모듬전/팔도막걸리	한옥 / 포도나무
두부와태백김치/탁주	옛날 술집 st
골뱅이무침/팔도막걸리	모던주막
피자전/팔도막걸리	대학로
수라반상세트/팔도막걸리,우리술	구.나무늘보이야기
양고기스튜/우리술,와인	유러피안 가정식 레스토랑
테라스바베큐/칵테일막걸리,팔도막걸리	
배상면주가	
모듬전/자희향	

이 책은 따뜻한 북펀드에서 후원을 받아,
아래와 후원자님들과 함께 만들었습니다.

강경란	미니버스 게스트하우스	윤지영	조현준
강규상	박송이	이민영	책바 정인성
기형준	박정재	이상우	최선화
김나현	박혜진	이승훈	최성호
김남희	배창훈	이연실	최완순
김남희	백태기	이재준	최완실
김도현	소지섭	이정미	최인실
김두영	손석오	이종대	최인실
김성웅	술도	이종서	최학수
김아진	신경섭	이준하	황우식
김얼	안민선	이채승	
김연중	안소연	이형기	
김연희	안유석	임순주	
김영아	안정선	임익종	
김재원	안혁진	장수정	
김지혜	안혜원	장원준	
김태룡	엄남춘	장재우	
김평훈	유미미	정배 김	
김학섭	유원욱	정인	
막걸리학교	유희달	제나미	
문경현	윤정하	조승현	

자기계발

주변이 섹시해지는 정리의 감각
잡동사니에서 탈출한 수집광들의 노하우

브렌다 에버디언, 에릭 리들 지음 · 신용우 옮김

우리는 필요없는 물건을 잔뜩 끌어안고 평생을 살아간다. 하지만 삶의 마지막 순간, 가장 중요한 것은 물건일까? 아니면 사람일까? '정리학자' 브렌다 에버디언과 에릭 리들이 40년간 온갖 물건을 정리하며 겪은 시행착오와 잡동사니를 효과적으로 다룬 방법을 공유한다.

그린라이트 스피치
이성의 가슴을 뛰게 하는 결정적 한마디

이지은 지음

호감 있는 자세, 목소리, 태도는 남녀 관계뿐 아니라 사회생활 전반에서 사용할 수 있는 매우 중요한 삶의 정수다. 호감 가는 태도를 유지하는 것은 남을 속이는 게 아니라, 호감 가는 사람으로 변하는 과정에 있는 것이다. 스피치 명강사 이지은 원장이 지금부터 호감 가는 사람으로 만들어줄 것이다.

미생, 완생을 꿈꾸다
토요일 아침 7시 30분 HBR 스터디 모임 이야기

정민주 외 지음

지금 하고 있는 일에서 보람을 찾고 싶다면? 하고 싶은 일과 할 수 있는 일의 조화를 꿈꾼다면? 조금 늦은 듯하지만 새로운 꿈이 생겼다면? 아직 방황하고 있다면?
여기서 길을 찾을 수 있을 것이다!

내가 정상에서 본 것을 당신도 볼 수 있다면
극한의 상황에서 깨닫게 되는 삶의 지혜

앨리슨 레빈 지음 · 장정인 옮김

희박한 산소, 영하 40도의 날씨, 멈추는 순간 찾아오는 죽음. 에베레스트 정상과 같은 극한의 상황에서는 조금 다른 판단이 필요하다. 미국 최초의 여성 등반대 대장이자 탐험가 그랜드슬램을 달성한 산악인 앨리슨 레빈이 정상에서 알게 된 삶의 자세를 진중하지만 재미있게 전달한다.

말하지 말고 표현하라
상대의 마음을 움직이는 건 진심의 목소리다

박형욱 지음

말 잘하기, 스피치 훈련, 프레젠테이션 기법은 많다. 하지만 진정한 자신을 표현할 수 있겠는가?
유창한 말솜씨가 아니라 진심을 담은 한두 마디의 '표현'이 마음을 움직인다.

내려놓기의 즐거움
삶과 사랑 그리고 죽음에 대한 놀라운 인생 자세

주디스 오를로프 지음 · 조미라 옮김

직관의 말을 듣고 모든 것을 내려놓는 것은 절대 패배가 아니다.
그럼으로써 인생은 더욱 행복해지고 또한 승리하게 된다.

거의 모든 것의 정리법
거실, 자동차, 기저귀 가방, 지갑, 인간관계, 시간, 남편까지 당신이 찾는 모든 정리법

저스틴 클로스키 지음 · 조민정 옮김

헐리우드 스타들에게 정리의 비법을 전하는 기업, OCD 익스페리언스의 창립자 저스틴 클로스키가 말
하는 거의 모든 것의 정리법. 사물, 시간, 공간, 관계까지. 정리를 하면 창조의 공간이 생긴다는 창조적
정리법을 확인해보자.

스티커빌리티
생각을 바꿔 부자가 되는 비밀

그렉 S. 리드 지음 · 박상욱 옮김

결과를 만든 사람들이 가진 단 하나의 공통점, 스티커빌리티
스티커빌리티『Stickability』는 인내, 끈질김, 그리고 머릿속에 박혀서 떠나지 않는 바로 그 생각이다.

인생을 바꾸는 네 가지 선택

리차드 폴 에반스 지음 · 권유선 옮김

투렛 증후군을 앓는 베스트셀러 작가 리차드 폴 에반스가 들려주는 삶의 노래.
풍요로운 인생에는 넘어야 할 네 가지 문이 있다.

디지털 세상에서 집중하는 법
디지털 주의 산만에 대처하는 9가지 단계

프란시스 부스 지음 · 김선민 옮김

혹시 스마트폰을 끄는 방법을 잊어버리지 않았는가?
5분에 한 번씩 메시지를 확인한다면 당신의 집중력은 지금 도둑맞고 있는 것이다.

린 토크
예의 바르면서도 할 말은 다 하는 대화의 기술

앨런 파머 지음 · 문지혜 옮김

예의를 지키면서도 빠른 시간 안에 본론으로 들어가는 대화법이 존재한다.
이것을 〈린 토크〉라 부른다. 대화를 시작하고 1분에 당신은 본론에 접어들 수 있을 것이다.

긍정으로 리드하라

캐서린 크래머 지음 · 송유진 옮김

'만약'이 '현실'이 되게 하는 것이 바로 이 책이 말하고자 하는 전부다. 모든 독자에게 하는 약속은 보고,
말하고, 행동하는 방식을 가능한 것, 긍정적인 쪽으로 바꿀 때, 더 멀리 갈 수 있고, 더 빠르게 행동할 수
있다는 것이다.

뉴요커가 된 부처
상사는 거지같고, 전 애인이 괴롭혀도, 부처처럼 걸어라

로드로 린즐러 지음 · 김동찬 옮김

바쁘고, 바쁘며, 바쁘기만 한 우리. 우리는 어떻게 나 자신을 발견할 수 있을까? 뉴욕에서 불심을 지키며
살아가고 있는 저자에게 내 자신 속에 존재하고 있는 '본질적인 선'을 발견하는 법을 듣는다.

즉흥 설득의 기술
진부한 영업멘트는 집어치워라

스티브 야스트로우 지음 · 정희연 옮김

우리는 식상한 영업 멘트에 얼마나 지쳤는가. 설득은 준비된 번지르르한 말이 아니라 경청과 즉흥적인
대화를 통해 이루어질 수 있다.

경제 · 경영

워렌 버핏의 위대한 동업자, 찰리 멍거
완벽한 가치투자란 무엇인가

트렌 그리핀 지음 · 홍유숙 옮김 · 이정호 감수

담배꽁초 같은 주식만 수집하던 워렌 버핏을 위대한 가치투자가로 새롭게 태어나게 한 장본인 찰리 멍
거의 이야기를, 현재 마이크로소프트에서 근무하며 그 역시 현명한 투자가인 트렌 그리핀이 들려준다.

초보 사장 다국적 기업 만들기
누구나 따라 하는 글로벌 비즈니스

앤소니 지오엘리 지음 · 조미라 옮김

3면이 바다, 위로는 육지길이 막혀 있는 상태. 그야말로 섬나라다. 대한민국에서 사업을 성장시킬 수 있
는 유일한 방법은 글로벌 비즈니스로 확장하는 것뿐이다. 그러나 어떻게? 글로벌 비즈니스 전문가 앤소
니 지오엘리가 그 방법을 차례차례 알려준다.

이슬람 은행에는 이자가 없다
떠오르는 이슬람 금융과 샤리아의 모든 것

해리스 이르판 지음 · 강찬구 옮김

샤리아(이슬람 율법)는 이자를 받는 것을 악으로 규정하고 있다. 도대체 어떻게 이자도 없이 금융이 굴러
가는 것일까?샤리아에 의해 묶여 있던 이슬람의 돈을 움직이는 흥미진진한 스토리와 방법을 세계 최고
의 이슬람 금융 전문가, 해리스 이르판이 생생하게 들려준다.

심플하게 스타트업
단지 세 마디의 휴지만 있어도 당신의 일을 시작할 수 있다

마이크 미칼로위츠 지음 · 송재섭 옮김

화장실에서 볼일을 시원하게 봤는데, 걸려 있는 휴지는 달랑 세 마디뿐!
그 상황이면 아마도 그 세 마디 휴지를 효율적으로 쓰기 위해 갖은 애를 쓰다가 결국, 어떻게든, 해결하
고 화장실을 나올 것이다. 모든 일이 그렇게 시작한다.

어떻게 경영할 것인가
경영에서 반드시 부딪치게 되는 76가지 문제와 그 해법

제임스 맥그래스 지음 · 김재경 옮김

경영을 하다 보면 매우 바쁜 와중에도 문제는 발생한다.
그 문제를 해결할 실질적이고 효과적인 답변을 들을 수 있다면? 그것도 '지금 바로' 말이다. 바로 그 핵
심질문에 대한 즉답!

실행이 전략이다
어떻게 리더들은 최저의 시간을 들여 최고의 성과를 얻는가?

로라 스택 지음 · 이선경 옮김

숨 가쁘게 빠르게 돌아가고 있는 비즈니스 환경에서, 전략만 세우고 있다가 시기를 놓치거나 유연하게 대응하지 못해서 기회를 놓친 사례가 얼마나 많은가? 효율적으로 전략을 '즉시' 실행으로 옮길 수 있는 최적의 방법을 소개한다.

패러독스의 힘
하나가 아닌 모두를 갖는 전략

데보라 슈로더-사울니어 지음 · 임혜진 옮김

우리는 비즈니스를 하면서 언제나 선택의 딜레마에 빠진다.
대표적으로 안정과 변화가 그것이다. 안정 "혹은" 변화가 아니다 안정 "그리고" 변화다. 패러독스를 관리할 수 있는 자가 "힘"을 얻는다.

당신은 혁신가입니까
성공한 CEO에게 듣는 기업문화 만들기

아담 브라이언트 지음 · 유보라 옮김

변혁의 시대에 혁신의 문화를 만들어내지 못한 기업은 도태되고 만다. 현재 가장 주목 받고 있는 CEO들에게 어떻게 창조와 혁신이 살아 숨쉬는 문화를 만들어냈는지 그 비법을 들어본다.

컨트라리언 전략
거꾸로 생각하면 사업이 보인다

이지효 지음

세계적인 경영컨설팅회사 베인앤컴퍼니가 대한민국 기업에게 제시하는 희망의 메시지.
진정한 창조경제의 힌트를 발견한다. 〈한국경제, 기회는 어디에 있는가〉 의 저자

모든 경영의 답
베스트 경영이론 활용 89가지

제임스 맥그래스, 밥 베이츠 지음 · 이창섭 옮김

경영 사상가의 위대한 이론이 이 작은 책 안에 고스란히 담겨 있다. 경제생활을 하는 직장인 모두에게 반드시 필요한 필독서다.

나는 즐거움 주식회사에 다닌다
즐거움이 곧 성과다

리차드 셰리단 지음 · 강찬구 옮김

회사의 목표는 수익이다. 하지만 당신이라면 일을 맡길 때 즐거움을 추구하는 팀에게 맡기겠는가? 아니면 수익만을 추구하는 팀에게 맡기겠는가? 즐거움이 목표인 회사를 만나보자.

온난화라는 뜻밖의 횡재
기후변화를 사업기회로 만드는 사람들

맥켄지 펑크 지음 · 한성희 옮김

자원, 물, 영토 전쟁이 시작된다. 기후변화와 함께 기회도 이미 시작되었다. 온난화로 대변되는 기후변화를 사업의 기회로 삼으려는 노력이 일어나고 있다.

해피 워크
행복한 직장의 모든 것은 직장 상사로 통한다

질 가이슬러 지음 · 김민석 옮김

훌륭한 상사가 훌륭한 직장을 만든다. 훌륭한 직장 상사는 어떤 평가를 받고 또한 부하 직원에게 어떤 피드백을 해주는가? 질 가이슬러의 행복한 직장을 만드는 워크숍을 따라 해보자.

광팬은 어떻게 만들어지는가
레이디 가가에게 배우는 진심의 비즈니스

재키 후바 지음 · 이예진 옮김

이 책은 새로운 것을 창조하거나 변화를 시도할 때 꼭 필요하다. − 세스 고딘, 『보랏빛 소가 온다』의 저자

믿고 지지해주는 광팬이 있다면 누구나 성공할 수 있다.

SNS 앱경제 시대 유틸리티 마케팅이 온다
정보가 보편화된 시대의 소비자와 마케팅의 본질적 변화

제이 배어 지음 · 황문창 옮김

뉴욕타임즈 베스트 셀러 왜 더 이상 광고는 통하지 않는가? SNS 앱 경제 시대 소비자는 어떻게 변했는가? 그렇다면 무엇을 해야 하는가? 마케팅의 본질을 흔드는 시원한 해법

빅데이터 게임화 전략과 만나다
로열티 3.0 = 동기+빅데이터+게임화 전략

라자트 파하리아 지음 · 조미라 옮김

뉴욕타임즈, 월스트리트 저널 베스트 셀러
글로벌 혁신 컨설팅 회사 IDEO 출신의 저자가 말하는 로열티 3.0

치열하게 읽고 다르게 경영하라

안유석 지음

사업이 성공하기 위해서는 A부터 Z까지를 갖추어야 하고, 이 책은 그 해답을 준다 책 · 생각 · 경험 · 이론을 읽고 사업을 변화시킨 사업가의 이야기

적게 일하고도 많이 성취하는 사람의 비밀

로라 스택 지음 · 조미라 옮김

칼퇴근 하면서도 야근하는 사람보다 일 잘하는 방법
더 적게 일하는 것이 낫다, 그러면 일을 더 잘 하고 집중력을 높일 수 있게 될 것이다.

존중하라
존중받는 직원이 일을 즐긴다

폴 마르시아노 지음 · 이세현 옮김

존중 받는 직원이 되고 싶은가? 그렇다면 이 책을 꼭 읽어보라
직원들이 진정으로 일을 즐기게 만들기 위한 분명한 조언과 지침을 제공하는 책!

인문

하버드 의대 교수 앨런 로퍼의 두뇌와의 대화
두뇌란, 질병이란, 정신이란 그리고 인간이란 무엇인가를 최전선에서 들려준다

앨런 로퍼 지음 · 이유경 옮김

도저히 있을 법하지 않은 일을 하루에 여섯 번은 만나야 하는 신경학과 병원. 의사의 의사가 말해주는 진짜 의사 이야기.

행복한 잠으로의 여행
잠에 대한 놀라운 지식 프로젝트

캣 더프 지음 · 서자영 옮김

우리는 꿈을 통해 객관적으로 경험해보지 못할 주관적인 경험을 하며 깨어 있는 삶에 대한 내성을 만든다. 또한 깨어 있는 동안 배웠던 지식과 그에 따라오는 감정을 자는 동안 곱씹으며 나의 것으로 만든다.

미치광이 예술가의 부활절 살인
20세기를 뒤흔든 모델 살인사건과 언론의 히스테리

해럴드 셰터 지음 · 이화란 옮김

아리따운 모델이 나체로 살해된다. 사건의 진실이 무엇이든 간에 선정성만을 노리는 언론은 정신없이 모여 들어 그들만의 허구를 만들어낸다.

할인 사회
소비 3.0 시대의 행동 지침서

마크 엘우드 지음 · 원종민 옮김

제값을 주고 사면 왜 손해라고 느껴지지? 지금 온 세상은 세일 중이다. 그러나 그것이 진짜 세일일까? 이 책은 소비 3.0 시대에 올바로 찾아야 할 소비의 길과 세상의 게임이 어떻게 돌아가는지 보여 줄 것이다.

실패의 사회학
실패, 위기, 재앙, 사고에서 찾은 성공의 열쇠

메건 맥아들 지음 · 신용우 옮김

정당한 실패를 용인하는 사회는 어떤 발전을 이루었는가, 어떤 실수가 실패까지 연결되는가, 그리고 또 누가 넘어져서도 한 줌의 흙이라도 들고 일어서는가. 실패, 그 잔인한 성공의 역사를 살펴본다.

에세이

나는 아이를 낳지 않기로 했다
모든 여자가 어머니가 될 필요는 없다

애럴린 휴즈 엮음 · 최주언 옮김

이 책은 아이를 낳지 말라고 추천하는 책이 아니다. 아이를 낳지 않는 길을 선택한 인생도 무언가 부족하거나 올바르지 않은 인생이 아니라 오롯이 하나의 인생임을 15개의 에세이를 통해 우리에게 그저 보여줄 뿐이다.

남자를 말하다
세계의 문학가들이 말하는 남자란 무엇인가?

칼럼 매캔 엮음 · 윤민경 옮김

『속죄』의 이언 매큐언, 『연을 쫓는 아이』의 할레드 호세이니, 『악마의 시』의 살만 루시디, 『세월』의 마이클 커닝햄 등 80명의 문학가가 감동적이고, 미소 짓게 하고, 생각을 하게 하는 이야기를 들려준다.

내가 죽음으로부터 배운 것

데이비드 R. 도우 지음 · 이아람 옮김

사형제도에 대해 전 미국의 여론을 환기시켰던 사형수 담당 변호사,
데이비드 R. 도우가 이제 주변의 죽음을 바라보며 가슴을 저미는 삶의 이야기를 펼쳐 놓는다.

베어 그릴스의 서바이벌 스토리

베어 그릴스 지음 · 하윤나 옮김

영웅이란 무엇이며 생존이란 무엇인가.
베어 그릴스의 인생을 설계해준 위대한 '진짜' 생존 이야기들

섹스 앤 더 웨딩

신디 츄팩 지음 · 서윤정 옮김

〈섹스 앤 더 시티〉 작가가 털어 놓는 '와이프로서의 라이프' 결혼이란 사랑이자 현실이며, 또한 감동이다. 로맨틱 코미디와 같은 사랑을 꿈꾸는 사람을 위한 진짜 결혼 이야기.

여자들이 원하는 것이란

데이브 배리 지음 · 정유미 옮김

미국에서 가장 웃기는 사나이 데이브 배리의
아주 웃기고 쬐금 도움되는 자녀교육(?)과 자질구레한 이야기.

늑대를 구한 개
버림받은 그레이 하운드가 나를 구하다

스티븐 울프, 리넷 파도와 지음 · 이혁 옮김

허리 통증때문에 혼자 걷지도 못하게 된 변호사. 경견 장에서 쫓겨나 버림 받은 그레이 하운드.
화려했던 시절을 보내고 바닥에 내려앉은 두 영혼이 서로를 의지하며 새로운 삶을 개척해 나가는 감동 실화

저녁이 준 선물
아빠의 빈 자리를 채운 52번의 기적

사라 스마일리 지음 · 조미라 옮김

군인인 남편의 파병 기간 동안, 세 아들에게 아빠의 빈 자리를
채워주려 한 주부의 기적 같은 저녁 식사 프로젝트가 시작된다. 전 미국인이 감동한 실화.

▌자연과학

쥬라기 공원의 과학
〈쥬라기 공원〉의 작가 마이클 클라이튼도 영감을 받은 과학자와 과학 이야기.

베스 샤피로 지음 · 이혜리 옮김

멸종 동물인 매머드를 부활시키려는 과학자의 흥미진진한 스토리! 책의 저자는 공상과학(SF)
에서 공상을 제거하고 진짜 과학만 남긴 후 실제 매머드를 부활시키려는 노력을 매우 탄탄하게
이야기해준다.

위대한 과학자의 생각법

체드 오젤 지음 · 서자영 옮김

우리 모두는 과학자다. 수천 년 전부터 과학적 사고를 했기에 우리는 인류로서 성장할 수 있었
다. 역사에 길이 남은 과학자들이 어떻게 생각했는지를 살펴보고 우리 내면에 잠들어 있는 과학
자를 깨워보자.

상대성 이론이란 무엇인가

제프리 베네트 지음 · 이유경 옮김

아인슈타인의 아이디어는 무엇이었으며, 우리에게 어떤 영향을 미치는가?
시간과 공간이 휘어져 있다는 놀랍도록 신기한 이야기가 놀랍도록 쉽게 펼쳐진다. 숫자와 공식
을 전혀 몰라도 재미있게 볼 수 있는 본격 상대성이론 이야기.

여섯 번째 대멸종
2015년 퓰리처상 수상작

엘리자베스 콜버트 지음 · 이혜리 옮김

여섯 번째 대멸종의 원인은 인간인가?
아프리카에서 처음 생겨난 인류는 전 세계로 조금씩 발을 넓혀 나갔다. 인류의 발자취가
발견되는 곳에서는 꼭 거대동물의 멸종이 일어났다. 과연 우연일까?

당신이 10년 후에 살아 있을 확률은

폴 J. 나힌 지음 · 안재현 옮김

세상에는 무수한 확률이 가득 차 있다. 그러나 대부분의 사람은 확률이 아니라 우연에 의지한
다. 지금부터 이 책이 우연이 아니라 확률의 세상으로 인도할 것이다.